南方哈密瓜

曾立红　主编

中国农业科学技术出版社

图书在版编目(CIP)数据

南方哈密瓜 / 曾立红主编. —北京:中国农业科学技术出版社, 2015.1

ISBN 978-7-5116-1953-2

Ⅰ.①南… Ⅱ.①曾… Ⅲ.①哈密瓜—研究 Ⅳ.①S652.1

中国版本图书馆 CIP 数据核字(2014)第 289755 号

责任编辑 涂润林 张孝安
责任校对 贾晓红

出 版 者 中国农业科学技术出版社
北京市中关村南大街 12 号 邮编:100081
电 话 (010)82109194(编辑室) (010)82106624(发行部)
(010)82109709(读者服务部)
传 真 (010)82106650
网 址 http://www.castp.cn
经 销 者 各地新华书店
印 刷 者 北京建宏印刷有限公司
开 本 880mm×1 230mm 1/32
印 张 7 彩插:4
字 数 178 千字
版 次 2015 年 1 月第 1 版 2021 年 1 月第 3 次印刷
定 价 38.00 元

编委会

主　编　曾立红

副主编　钱剑锐　张　庆　王艺平

编著者　曾立红　钱剑锐　张　庆　王艺平

张志明　胡雅花　叶培根　俞贤琼

何铁海　张建芬

序

哈密瓜原产于新疆，是硬皮甜瓜的通称。经过长期自然和人工选择，完全适应了新疆大漠干旱和半干旱的强光、高温和日夜温差大的生态环境，所产瓜果美味香甜，含糖量高，为瓜中珍品，素有“瓜中之王”的美称。

但要将哈密瓜引种到潮湿多雨、光照较弱的南方和东南沿海地区并能保持原汁原味就不是一件易事，存在着许多品种、栽培管理技术上的难题。

2006年起，宁波市鄞州区农业科学研究所曾立红等开始引种哈密瓜并取得了成功，在此基础上又于2010—2014年间立题继续进行哈密瓜一年两熟栽培技术研究，获得了重大突破，现在哈密瓜不仅能在宁波种植获得高产，而且所种哈密瓜品质优良，与新疆原产地相比已基本接近，当地农民种植哈密瓜在经济上也取得了明显效益，成为农村致富，农民增收的一项重要生产门路。

出于总结经验、进一步推广哈密瓜生产的目的，曾立红等同志利用工作之余，在百忙中编写了这本《南方哈密瓜》的科普图书，内容深入浅出，既论述了哈密瓜的生理、生态特性，详细介绍了哈密瓜从育苗到栽培管理的一套完整技术，是专业生产农户及从事此项技术工作的农技工作者的一本工具书，也可供各级农技校培训参考。

我们衷心祝贺此书的出版并期待此书能在哈密瓜的生产、试验与推广工作中起到良好的推动作用。

杨国时

2014年11月

前　言

哈密瓜在植物分类学上属葫芦科葫芦目黄瓜属甜瓜种,原产于新疆,是新疆普遍种植的硬皮甜瓜的通称,在新疆种植历史悠久,而且十分普遍,除少数高寒地带之外,新疆大部分地区都产哈蜜瓜,最优质的哈蜜瓜产于南疆的伽师县、哈密和吐鲁番盆地。有文字史料证实,哈密栽培甜瓜的历史距今至少已有 2 574 年之久。

哈密瓜得名于康熙 37 年(1698 年),由康熙皇帝元旦节宴会上赐名而来。

哈密瓜经过长期自然和人工选择,完全适应于新疆大漠干旱和半干旱地区的干旱、酷热、日照长、光照强、昼夜温差大的生态环境,而南方和东南沿海地区潮湿多雨、光照较弱很难种植,即使种植成功也不易保持其原来甘甜味美的品质,因此要在南方种植哈密瓜曾一度成为我国农业技术工作者面临的一道技术难题。

从 1992 年开始,新疆农科院吴明珠院士等采用了杂交、核辐射诱变等多种育种手段,经过 8 年的努力,至 2000 年,终于培育出了金凤凰、雪里红等 8 个可在我国东南沿海和南方种植的哈密瓜新品种,统称为“南方哈密瓜”,由此始,揭开了南方地区种植哈密瓜的序幕。

作者毕业于新疆农业大学，来宁波工作后，即致力于“南方哈密瓜”的引种推广工作，通过立项研究，作者深入观察了哈密瓜在南方种植的生态表现，基本掌握了南方哈密瓜的高效无公害栽培的一些基本规律。本着总结经验，进一步推广扩大南方哈密瓜种植面积，进一步提高南方哈密瓜品质，促进瓜农增产增收，造福于民的目的，利用工作之余的时间，编写了这本名为“南方哈密瓜”的图书，以期起到抛砖引玉的作用。

此书共分十章，概述了哈密瓜的历史与由来、哈密瓜的营养与保健价值、发展南方哈密瓜生产的经济意义与社会效益；论述了南方哈密瓜的生物学特性；详细介绍了南方大棚栽培哈密瓜一年两熟的无公害生产技术及其采收与贮运技术。全书共 16 万字。在编写过程中作者以自身实践为基础，同时也参考了各地的一些成功的经验和相关的论文资料。在此谨向被参阅了资料的作者和长期以来对作者工作给予大力支持、帮助的宁波市科技局、鄞州区科技局及市、区两级科协表示衷心的感谢。

由于时间匆促及编写水平的限制，书中定有不当或错误之处，敬请同行与广大读者给予指正。

曾立红

2014 年 10 月 1 日

目　　录

第一章 概 述

第一节 南方哈密瓜的由来

哈密瓜(*Cucumis melo* var. *Saccharinus*)又名雪瓜、贡瓜,是甜瓜的一大类,植物分类学上称之为厚皮甜瓜,素有“瓜中之王”的美称。

哈密瓜原产于新疆维吾尔自治区(全书称新疆),栽培历史悠久,北宋《太平广记》中记载有“汉明帝(公元58—76年)时,敦煌献异瓜,名“穹隆”。“穹隆”为突厥语甜瓜的译音,这一称谓相沿至今;维吾尔语称甜瓜为“库洪”;元代李志常的《长春真人西游记》称“甘瓜如枕许,其香味盖中国未有也”,将甜瓜称为“甘瓜”。哈密瓜之得名,始于清初康熙年间。据《回疆志》记载:“自康熙初(公元1662—1723年),哈密投诚,此瓜始入贡,谓之哈密瓜。清道光年间曾在哈密住过多年的清代诗人肖雄,在一首咏瓜诗的注释中说:“西域多瓜,一为甜瓜,列为贡物,称哈密瓜。”自此,但凡新疆所产的厚皮甜瓜,即被人们统称为哈密瓜。当时,每当哈密瓜成熟季节,哈密王即作贡品,不远千里,用骆驼驮运至北京向清王室进贡。

清初张寅之在其所著《西征纪略》中更是绘声绘色地描写了他在河西走廊目睹当时专给皇帝运送哈密瓜的一番情景:“路逢驿骑,进哈密瓜,百千为群。人执小兜,上罩黄袱,每人携一瓜,瞥目而过,疾如飞鸟。”一位驻守哈密的清政府官员也有诗云:“积雪天山摩峻岭,风高瀚海古伊州(注:古伊州即哈密)。玉门关路通西域,回纥台墩旁碧流;圣世安边开万里,半年瓜贡渡芦沟。”

新疆栽培哈密瓜的历史极为悠久。据考证，早在距今1600多年前，新疆就已大量种植哈密瓜，并作为陪葬物品葬入墓中。

哈密瓜其实是新疆普遍种植的硬皮甜瓜的通称，天山南北的维吾尔农村，几乎村村都有自己的瓜园，其中，以哈密、吐鲁番盆地一带最负盛名。

哈密瓜经过长期自然和人工选择，完全适应了新疆大漠干旱和半干旱的生态环境。比如吐鲁番盆地，干旱、酷热，日照长，光照强，昼夜温差大，10年平均年降水量12.4mm。尽管条件恶劣，但千百年来，哈密瓜却一直在这里“茁壮成长”。

如何使这种西部名瓜“落户”我国气候条件潮湿多雨、光照较弱的南方和东南沿海地区种植并能保持原汁原味，曾一度成为科研工作者面临的一道难题。

从1992年起，新疆农科院吴明珠院士等在认真总结过去30年育种经验的基础上，采用了杂交、核辐射等多种育种手段，每年春夏在吐鲁番育种，秋冬再到海南三亚选育，逐步锻炼哈密瓜的耐湿性和适应性，经8年南北奔波，艰辛培育，循环选择，至2000年，终于培育出了金凤凰、雪里红等8个可在我国东南沿海和南方种植的哈密瓜新品种，统称为“南方哈密瓜”。

2006年，宁波市鄞州区农业科学研究所曾立红等开始引种哈密瓜并取得了成功；在此基础上，曾立红等又于2010—2013年间，立项进行了“南方哈密瓜新品种试选与一年二季优质高效栽培技术”研究（甬科计〔2010〕125号），探索了哈密瓜在宁波地区一年两熟栽培技术，也取得了成功，哈密瓜不仅能在宁波地区两熟栽培，获得高产，而且品质优良，据测定，宁波主栽的南方哈密瓜含糖量达到15%以上，最高可达17.5%，与新疆、海南经长途运输供应本地市场的哈密瓜相比，本地生产的哈密瓜成熟度高，口感更加鲜爽。经检测相关质量指标，均符合国家规定标准。

第二节　南方哈密瓜的营养与保健价值

一、营养价值

南方哈密瓜品质风味居诸瓜之首，不同品种的果实果形和皮色各异，芳香浓郁，瓜瓤香甜、松脆可口，含糖量达15%以上。南方哈密瓜不仅风味优美，而且营养成分十分丰富。据测定，每100g南方哈密瓜瓜肉中含有可食部分占71%，水分含量91(g)，其营养成分有：蛋白质0.5(g)；脂肪0.3(g)；碳水化合物7.9(g)；膳食纤维0.2(g)；胆固醇0(mg)；灰分0.5(g)；维生素A 153(mg)；胡萝卜素920(mg)；视黄醇0(mg)；硫胺素0(μg)；核黄素0.01(mg)；烟酸0(mg)；维生素C12(mg)；维生素E(T)0(mg)；钙14(mg)；磷19(mg)；钾190(mg)；铁1(mg)；钠26.7(mg)；镁19(mg)；锌0.13(mg)；硒1.1(μg)；铜0.01(mg)；锰0.01(mg)；碘0(mg)；灰分元素2.4g。其中，铁对人体的造血功能和发育有很大关系。同肉类相比，哈密瓜中的铁含量较之等量的鸡肉多两倍，鱼肉多3倍，牛奶多17倍。南方哈密瓜瓜子，还可充作榨油原料和用来饲养牲畜、家禽的精饲料。

二、保健价值

南方哈密瓜富含维生素，据测定：在南方哈密瓜鲜瓜肉中，维生素的含量比西瓜多4～7倍，比苹果高6倍，比杏子也高1.2倍。维生素具有很好的保健价值，如维生素A有助于维持健康的皮肤，减少患白内障的风险，并改善视力，还包括防止肺癌和口腔癌。维生素A还可以作为孕妇饮食的一部分。维生素B、维生素C有助于人体抵抗传染病；南方哈密瓜的矿物质含量也很高，为人体生长发育所不可缺。如其中的锰，可以作为抗氧化酶超氧化物歧化酶的协同成分；钾可以给身体提供保护，可以防止冠心病，保持正常的心率和血压，并有助于防止肌肉痉挛，帮助身体从损伤中迅速恢复；南方哈密瓜还含有丰富的抗氧化剂类黄酮，如玉米黄质可以预防各种癌症。

南方哈密瓜的药用价值远不止此，据我国古代医药典籍记载：厚皮甜瓜（即哈密瓜）还具有以下保健与药用功能：①瓜瓤能“止渴、除烦热、利小便、通三焦间壅空气，治口鼻疮”。瓜子仁晒干捣细筛粉，用三层纸包压去油（不去油力短），可治腹内结聚，并治月经量过大，还有清肺润肠、和中止渴、排除结石、治疗便秘、脓疮和咳嗽的功效。此外，还可治口臭和腿腰疼痛。②瓜蒂在中药里叫苦丁香，可治四肢浮肿，去鼻中息肉。而且苦丁香还是一味重要的催吐药，能催吐消食，治食积和胃中痞硬、食停腹胀，并能催吐有毒食物，瓜蒂还能用于治疗黄疸和传染性肝炎，服用瓜蒂浸出液不仅没有任何不适，也没有副作用。瓜蒂经炮制，能治风涎暴作，气塞倒卧，这是因为瓜蒂中含有甜瓜毒素和瓜苷，瓜苷具有催吐作用，并可用来作抗狂躁的镇静剂。

此外，南方哈密瓜还有利于人的心脏和肝脏工作以及肠道系统的活动，能促进内分泌和造血机能，加强消化过程，还有助于降低低密度脂蛋白，提高高密度脂蛋白（也被称为好胆固醇）；能够缓解保水，帮助身体排除多余的钠。其含有的叶酸成分有助于预防小儿神经管畸形；可用于治疗肾脏病、胃病和贫血征；还可用于排除结石、便秘、咳嗽。藏医还用哈密瓜炙灰用以治疗脓疮。

要注意的是，南方哈密瓜虽然功效与作用很多，对人体非常有益，但是哈密瓜性凉不宜吃过量，以免引起腹泻。

第三节　发展南方哈密瓜生产的经济意义与社会效益

发展南方哈密瓜生产具有较好的经济效益与社会效益。

一、直接经济效益

宁波市鄞州区推广南方哈密瓜一年两熟栽培主要是通过大棚设施来实现的，其直接经济效益应考虑大棚设施的投入、使用年限与折旧率，并计算一年两熟生产中的成本支出（含人工、肥料、农药）、产出与实际所得。

曾立红以宁波市鄞州区洞桥镇 2014 年哈密瓜一年两熟生产为实际案例进行了统计，分析如下。

（一）成本支出

1. 大棚设施成本

（1）竹木结构大棚材料费：大棚宽 5m，长 40m，净面积 200m²，约 0.3 亩，每亩地安排 3 个大棚（1 亩≈667m²，以下同），大棚为经济型，竹木结构，棚内配滴灌设施。其材料投入费用见表 1－1 所示。

表 1－1　宁波市鄞州区洞桥镇毛竹大棚材料及成本估算表

编号	材料名称	使用期（年）	规　　格	计量单位	单价（元/亩）	数量	合计（元/亩）	年投入（元/亩）
1	竹片	3	6m×0.05m	片	6.5	420	2 730	910
2	大棚膜	3	120m×6m×6.5μm	桶	760	1.2	912	304
3	进水主管	3	50m/卷	m	50	18	18	6
4	龙头	3	2 寸×1 寸	只	4	3	12	4
5	挖沟	5			120	6	720	144
合计								1 368

毛竹大棚使用年限为三年，年成本支出为 1 368元/亩。

(2)简易钢管大棚材料费：

①建设面积：1 亩。

②建设材料：标准热镀锌管材。

③大棚规格：单栋，棚长 50m，棚宽 8m，棚顶高 2.5m，肩高 1.5m。

④大棚投入(以亩计)

每亩大棚净面积为 $600m^2$，钢管大棚使用年限为 15 年，投入成本估算见表 1－2。

表 1－2　宁波市鄞州区钢管大棚材料及成本估算表

编号	材料名称	使用期限(年)	规　　格	计量单位	单价(元/亩)	数量	合计(元/亩)	年投入(元/亩)
1	钢棚搭建	15	50m × 8m × 2.5m	m	28	600	16 800	1120
2	大棚膜	3	100m × 9.2m×7μm	桶	900	0.85	765	255
3	围膜	3	150m × 2m × 6.5μm	桶	260	1.2	312	104
4	进水主管	3	50m/卷	m	50	18	18	6
5	龙头	3	2 寸×1 寸	只	4	3	12	4
6	挖沟	15			120	7.5	900	60
合计								1 549

钢管大棚年成本支出 1 549 元/亩。

2.每季直接生产成本

鄞州区南方哈密瓜生产直接成本支出见表 1－3 所述。

表 1－3　鄞州区南方哈密瓜生产直接成本支出(单季)

	项　　目	品　名	规　　格	单价(元)	用量	金额(元)
爬地栽培	种子	东方蜜 1 号	300 粒/包	100	2	200
	农药					162
	商品有机肥		50kg/包	25	40	1 000
	三元复合肥		50kg/包	200	0.5	100
	硫酸钾		50kg/包	220	0.4	88
	白地膜		250m×3m×1μm	145	2	290
	软滴管		200m/卷	60	1.25	75
	人工			120	12	1 440
	合计					3 355
立架栽培	种子	东方蜜 1 号		100	6	600
	农药					400
	商品有机肥		50kg/包	25	60	1 500
	三元复合肥		50kg/包	200	0.75	150
	硫酸钾		50kg/包	220	0.5	110
	白地膜		250m×3m×1μm	145	2.6	377
	软滴管		200m/卷	60	1.2	72
	人工			120	20	2 400
	合计					5 609

单位:元/亩;大棚:按每亩$=600m^2$计算

3.不同材料大棚不同栽培方式成本支出比较

不同材料大棚采用不同栽培方式成本支出也是不相同的,见表 1－4。

表 1－4　不同材料塑料大棚种植哈密瓜总成本支出比较

单位：元/亩

	爬　地	立　架
毛竹棚	4 039	
钢管棚	4 129.5	6 383.5

(二)产值与利润

产值与利润因栽培方式、季节、销售对象而异，详见表 1－5 所示。

表 1－5　鄞州区南方哈密瓜栽培单季产生利润

栽培方式	季节	产量（kg/亩）	大户批发				散户零售			
			单价（元）	产值（元）	成本（元）	利润（元）	单价（元）	产值（元）	成本（元）	利润（元）
竹棚爬地	春季	1 600	7.0	11 200	4 039	7 161	13.6	21 760	4 039	17 721
	秋季	1 600	8.0	12 800	3 895	8 905	15	24 000	3 895	20 105
钢棚爬地	春季	1 600	7	11 200	4 129.5	7 070.5	13.6	21 760	4 129.5	17 630.5
	秋季	1 600	8.0	12 800	3 944.5	8 855.5	15	24 000	3 944.5	20 055.5
钢棚立架	春季	1 968	7.0	13 776	6 373.5	7 402.5	13.6	26 764.8	6 373.5	20 391.3
	秋季	1 968	8.0	15 744	6 198.5	9 545.5	15	29 520	6 198.5	23 321.5

受毛竹棚高度的限制，在毛竹大棚内种植哈密瓜时只做爬地栽培，行株距 2.5m×0.4m，8m 宽普通钢管棚行株距为 2.67m×0.45m，密度都为 500 株/亩，单株产量 3.2kg，亩产约 1 600kg。

普通钢管大棚立架栽培哈密瓜，行株距 1.33m×0.4m，密度为 1 125株/亩，单株产量按 1.75kg 计算，单季产量为 1 968kg/亩。

二、社会效益

宁波地区一年可以种植二季南方哈密瓜，一般具有一定规模的种植大户或产业基地都采用钢管大棚，销售形式以批发为主，一年的利润约为 1.6 万元；20 亩以下的种植户大多采用毛竹大棚种植，以零售为主，一年利润在 3.7 万～4.3 万元，种植效益十分可观。

种植南方哈密瓜不仅直接经济效益好，而且由于哈密瓜是瓜中珍品，酥脆香甜，营养丰富，深受人们喜爱，哈密瓜不仅可以鲜食，还有保健功效，并可进行加工，有利于促进农村加工企业的发展，社会效益明显。

哈密瓜在加工方面，可用于制成罐头，进行长期贮存和远销。其未熟的果实，可腌制成酱菜。成熟的果实可制成瓜干，也可用鲜果制成香甜可口的果酒。瓜瓤可熬制糖稀。瓜子可榨油，瓜子油黄亮，味美，是高级食用油，还可制成瓜子酱油，味道也很鲜美。瓜蒂挖下晒干，即为中药材中的苦丁香，据制药行业经验，5t 甜瓜（或哈密瓜），可晒制 15kg 苦丁香，在综合利用上具有很大的潜力。

与普通哈密瓜相比，南方哈密瓜耐湿、抗病，生育期短、容易种植，具有投资少、见效快、收益大的特点，且能与蔬菜等作物间作套种，作为一种高效经济作物，近年在东南沿海及南方各省都得到了较快发展。

目前，宁波市哈密瓜种植面积已达到 1 270hm^2，其中，鄞州区为 170hm^2，收益高，已使南方哈密瓜成为当地农民致富的重要生产项目。

第二章　南方哈密瓜的生物学特性

第一节　南方哈密瓜的形态特征

一、根系

哈密瓜的根系较发达，仅次于南瓜和西瓜，它的主根可以深入土中1～1.5m，侧根半径可达2m，侧根主要分布在地表30cm深的土层中。

哈密瓜根系的生长和发育，常因土壤的土质、水分、温度、肥力以及哈密瓜的品种和整枝情况的不同而受到不同的影响。一般地说，黏重的土壤不利于根系的生长，疏松肥沃的沙质土壤通透性好，根系的生长就广而且深，侧根和根毛也多。坐果前，土壤水分充足时，侧根发达，但主根较浅；而表层土壤干燥，深层水分充足时，则主根深入土层较深，侧根伸展也广。土地过分干燥时，根系生长发育受限。哈密瓜根系生长适温为22～25℃，最高可耐40℃，最低为15℃，15℃以下根系生长受阻。10℃以下开始受害。土壤肥沃根系发达；土壤瘠薄则根系分布较小。一般情况下，地上部生长健旺、茎蔓粗壮的品种，根系也较为强大；反之，根系也相对弱小。整枝过早过重，茎叶较少时，对根系的生长有一定的影响，适时适度进行合理整枝，根系就能较好地生长。因此，在栽培上创造良好的、能促进根系生长的条件，是取得高额产量的重要条件。

哈密瓜的根具有好气性的特点，喜欢通透性好的土壤条件，因此，它不耐湿，黏重低洼积水的地块，如不加以改良，不适宜种植哈密瓜。坐果后进行灌溉时，也应“见干见湿”，避免连浇连灌和大水漫灌，造成土壤缺氧，使根群窒息，以致烂根。

哈密瓜的根还有木质化早的特点，根系受损后，不易再生新根，因此，哈密瓜不耐移植。如果移植，必须在子叶期。长出真叶后移植，需带一定大小的土坨，进行切块或营养钵育苗，以免伤根较重，难以成活。但带土坨移栽，苗龄也不能过长，幼苗也不能过大。幼苗过大，即使带土移栽，也不易成活或缓苗延迟。一般幼苗移栽时，不能超过“4 叶 1 心”，否则根群已大，移栽时的伤根过重，幼苗叶片又多，蒸发量大，移栽后成活率低。早春育苗，并在苗床内摘心时，苗龄一般一个月即可，摘心后的幼苗侧蔓刚刚抽生，长度在 2cm 左右时，即应移植。

二、茎

哈密瓜为一年生蔓性草本植物。哈密瓜的茎也称为蔓，如不打顶，主蔓长度可达 3m。蔓有棱或纵条纹，有黄褐色或白色的糙硬毛和疣状突起。蔓粗约 1cm，节间长度为 5～8cm，节上生有叶片和卷须。卷须不分杈，匍匐生长时，蔓须可“抓住”杂草，以固定茎蔓不致翻卷，但攀援生长时(如搭架栽培)，则需人工绑蔓，叶腋生有腋芽，并着生结果花或雄花。哈密瓜在同一叶腋可以着生多个雄花或结果花。

主蔓上抽生的侧蔓叫子蔓(或称一级侧枝)，子蔓上抽生的侧蔓叫孙蔓(或称二级侧枝)，孙蔓上抽生的侧蔓叫曾孙蔓(或称三级侧枝)。由于品种特性的不同，哈密瓜有着不同的结果习性，大多数品种是以二级、三级侧蔓结果为主，只有少数品种在主蔓上结果。

在土壤水分充足时，如果哈密瓜的茎紧贴地面，还有在节上发生不定根的特性。茎上长出的不定根，同样有吸收水分和无机养料的能力，因此，促发不定根，就等于扩大了哈密瓜的根系，增加了吸收能力，有利于植株和果实的生长发育，也有利于抗旱；但当植株生长过旺，或雨水过多，容易引起徒长，故应在蔓下垫草，阻止其不定根发生，以免出现徒长。

三、叶

哈密瓜的叶有叶柄，叶柄长8～12cm，与瓜蔓相连，具槽沟及短刚毛；单叶互生，叶片厚纸质，近圆形或肾形，长、宽均8～15cm，上面粗糙，被白色糙硬毛，背面沿脉密被糙硬毛，边缘不分裂或3～7浅裂，裂片先端圆钝，有的叶片叶缘锯齿状或为全缘叶。叶面有的较光滑，有的有刺毛，都因品种不同而异。叶片的刺毛，有保护叶片减少水分蒸发的作用，这使得哈密瓜有较高的抗旱能力。

叶片在幼小的时候，需要足够的有机养料供应它的生长，因此幼龄叶片还不能进行光合作用，而是以消耗为主，只有当叶片长到固定的大小，成为成龄叶片以后，才具有能够进行光合作用的功能。所以，成龄叶也称功能叶。加强田间管理，防止叶片衰老和病虫侵害，保持植株有足够数量的功能叶，是哈密瓜优质高产的重要条件。

四、花

花单性，雌雄同株。雄花数朵簇生于叶腋；雌花单生，子房长椭圆形，密被长柔毛和长糙硬毛，花柱长1～2mm，柱头靠合，长约2mm。

结果花的着生习性因品种不同而异，以孙蔓结果为主的品种，其主蔓、子蔓上结果花发生少而迟，但在孙蔓的第一节上即可着生结果花。以子蔓结果为主的品种，子蔓1～3节上可以出现结果花，孙蔓上结果花出现也早。以主蔓结果为主的品种，在主蔓2～3节上即可出现结果花。

哈密瓜开花时间，一般在上午6时，午后凋萎，为半日花。遇到低温时，开花延迟。一般上午开花后4h以内为最佳授粉时期，这时授粉坐果率高，午后授粉坐果率极低。结果花在开花的头一天上午进行蕊期授粉，也能坐果。

哈密瓜不同于黄瓜，不具有营养单性结实的能力，结果花必须经过授粉才能使子房膨大发育成果实。因此，在正常气候条件下，上午 11 时以前应使结果花充分授粉。为此，在瓜田放养蜜蜂，或在花期进行人工辅助授粉，对于促进坐果和提高坐果率很有意义。

五、果

哈密瓜果实为瓠果，形状、颜色因品种而异，通常为长椭圆形，外果皮平滑，有纵沟纹或斑纹，无刺状突起，为蜡质或角质，中果皮（果肉）发达，橙色，具有较多的水分、糖分和其他营养物质，并有浓郁的香味，是哈密瓜的食用部分。哈密瓜果实中心有一个空腔，称为心室，瓜瓤就在心室中，哈密瓜瓜瓤输导束一般呈絮状，在成熟后与哈密瓜内壁分离。

果实成熟前，果皮中含有大量的叶绿素。因此，哈密瓜幼果一般为绿色，将要成熟时，叶绿素逐渐破坏消失，在花青素或叶黄素的作用下，果皮呈现出黄、橘红颜色。

哈密瓜果实在未成熟的时候，果实充满的淀粉被果胶质粘连在一起，因此，果实硬而坚实，有的还有些苦味。至将要成熟时，在各种酶的作用下，如淀粉酶和磷酸化酶，使淀粉转化成糖；果胶酶使果胶转化为果胶酸和醇类。由于糖、酸和醇都能溶于水，就使得果实变得柔软酥脆了。此外，还有一种酶，能把酸和醇合成具有香味的酯，因此，哈密瓜在成熟后，就会变得松脆多汁，甜而芳香。有的哈密瓜品种成熟后，在果柄和果尾相连的地方会产生离层，使成熟的哈密瓜从果柄上自动脱离，这就是所谓“瓜熟蒂落”。

哈密瓜由于果肉组织分布的不同，一般瓜头（果脐一端）比瓜尾（果蒂一端）甜而好吃。这是因为果皮及胎座里的维管束都是从果蒂通向果脐部位，维管束的末梢都集中在头部，所以脐端的糖分和其他营养物质的含量都比较高，果胶也多，成熟后果胶容易水解而使头部先变软，因此脐端更加松脆多汁，甜度也比其他部位高。

哈密瓜果形、大小、皮色、肉质、肉色以及棱沟的有无，因品种而异，这些特征互相配合，形成极为丰富多彩的哈密瓜类型和品种。哈密瓜果实本身就是经济作物，获得质量优良和重量较高的果实，是进行哈密瓜商品生产的主要任务和最终目标。因此，在生产上加强田间管理，使植株茎蔓在坐果前充分长好，注意促进果实膨大和保护果实，提高果实的商品性，就格外重要了。

哈密瓜比薄皮甜瓜耐贮藏，在自然温度条件下（30℃左右）可存放 7～10d，适宜贮运远销。

六、种子

哈密瓜种子白色或黄白色，卵形或长圆形，种子先端尖，基部钝，表面光滑。每果种子数因品种不同而异，少则 400 粒，多则 900 粒不等。种皮木质化，以保护种胚，颜色为红色、黄色或白色，千粒重 9～9.8g。

种子发芽最低温度为 15℃，发芽适温为 25～30℃，最高为 60℃。因此播前烫种时，水温不宜超过 55℃。哈密瓜种子寿命一般为 4～5 年，在干燥低温或干燥密封的条件下，可贮存 10 年以上。

第二节　南方哈密瓜的生物学特性

哈密瓜的生活史是指从种子萌发到第一茬果实成熟。在栽培上把从出苗到 50％以上的植株第一茬果实成熟所需要的天数叫做哈密瓜的生育期。哈密瓜的生育期长短与品种特性有关，但也与栽培季节、管理水平有关。不同品种之间生育期差别很大，在正常播种条件下早熟品种需要有效积温不到 1 500℃，晚熟品种则需要 3 000℃，所需天数最短的不足 80d，最长的可达 150d 以上。

哈密瓜的生育周期可分为 5 个阶段，即发芽期、幼苗期、伸蔓期、结果期、采收期 5 个阶段。结果期又可分为结果前期、结果中期、结果后期。不同生育阶段植株的器官有不同的形态变化，生长中心逐渐由营养生长向生殖生长转移。不同阶段对温、光、水、肥的要求有所不同。只有充分了解哈密瓜不同阶段的生育特点，才能按照其生长发育规律加以科学管理。

一、生育周期

1. 发芽期

从种子萌动到子叶展开为发芽期。种子发芽需要温度、水分、氧气3个条件，发芽期的长短主要与温度有关，正常情况下此期为5～10d，大量出苗需有效积温70℃。当地温在28℃，水分充足时，3～4d即可出苗；地温20℃时则需7～10d。哈密瓜发芽适温为30℃，多数品种在15℃以下不能发芽。播种时种子萌发最适土壤含水量在10%左右，低于8%则吸水不足发芽率降低，高于18%也会影响发芽。哈密瓜种子具有嫌光性，即种子喜欢在黑暗条件下发芽。发芽期幼苗生长主要是靠种子两片子叶中贮存的营养，此期生长量较小，子叶展开后即可进行光合作用。这段时间，苗床要保持适宜的温度和湿度，应防止幼苗徒长，当幼苗破心露出真叶时，发芽期结束。

2. 幼苗期

从子叶平展、真叶破心，到第五片真叶出现为幼苗期，正常情况下需20～25d。此期内根系开始旺盛生长，主根长度可达到35cm左右，侧根大量发生并分布在土壤20～30cm表层中，此期也是花芽分化时期。幼苗期结束时，茎端约分化20叶节。在白天30℃、夜间18～20℃、12h日照的条件下花芽分化早，结实花节位较低。在温度高、长日照条件下，结实花节位较高、且质量差。幼苗期管理的好坏直接影响到开花坐果的早晚及产量的高低。冬春栽培的哈密瓜，幼苗期正处在不适合哈密瓜生长的时期，故应创造条件，使幼苗在适宜的环境中生长，通过电热加温提高地温促进根系生长，使幼苗长得健壮、敦实。

3. 伸蔓期

从第 4 片真叶展开到第一雌花开放为止为伸蔓期，需 25～30d，此期植株地上、地下部同时迅速生长。植株由幼苗期的直立生长状态转变为匍匐生长，主蔓上各节营养器官和生殖器官继续分化，植株进入旺盛生长阶段。伸蔓期应在栽培管理中促控结合，注意适当提高温度，使其壮而不旺，稳发快发，既要保证茎叶的迅速生长，使植株具备较大的营养体，又要防止茎叶生长过旺。茎叶生长良好，可为开花结果打下良好的基础。此期可适当追肥浇水，并通过整枝等技术措施，对茎叶的生长进行适当控制，以调节植株长势。

4. 结果期

雌花开放到果实成熟为结果期，是哈密瓜由营养生长转入生殖生长的关键时期。结果期长短与品种的特性有关，一般早熟品种的结果期为 30～40d，晚熟品种为 60～80d。结果期间哈密瓜对温度要求严格，所需积温占全生育期的 40%～50%，白天 27～30℃，夜间 15～18℃，昼夜温差 13℃以上，并要求光照充足。

结果期可分为结果前期、中期和后期。在结果期不同的阶段，应采取不同的管理措施。

结果前期（开花至幼果迅速膨大）管理上应及时整枝并做好人工授粉。

结果中期（幼果迅速膨大至果实停止膨大）管理上应重点做好肥水管理，保证有充足的水肥供应给果实。

结果后期（果实停止膨大趋于成熟）管理上应保叶促根，防止茎叶早衰或感病。由于此期内植株根系吸收能力减弱，故应进行叶面喷肥补充营养，并及时防治病害。

果实成熟期要控制浇水，不浇或少浇水，以提高果实的风味和品质。

5. 采收期

果实达到生理成熟，或全田有部分开始生理成熟可以采收时，即进入了采收期。判断果实是否成熟，主要从果皮的颜色、花纹、果肉的质地等来进行识别，部分品种果实成熟时坐果节位叶片的叶缘褪绿焦枯，也是判断是否成熟的重要标志。成熟期的果肉糖度达到最高值，并散发出香味。采收过早会影响哈密瓜品质，采收过晚则影响经济收入，故一定要做到适时采收。

二、南方哈密瓜的生长发育规律

（一）营养生长和生殖生长

南方哈密瓜从种子萌发到开花结果，形成新的种子都要经历营养生长和生殖生长两个过程。南方哈密瓜根、茎、叶这些营养器官的形成及生长过程称为南方哈密瓜的营养生长；花、果实、种子等生殖器官的分化与形成过程称为南方哈密瓜的生殖生长。从营养生长向生殖生长的转化，是在一定的温度、日照以及有机营养状况等条件下，南方哈密瓜体内完成了某些生理生化过程的结果。

南方哈密瓜的营养生长和生殖生长之间存在着相互依存，相互制约的辩证统一关系。营养器官生长健壮，才能通过绿色的茎叶制造出花、果实、种子等生殖器官的发育所需要的碳水化合物、蛋白质等营养物质，生殖生长才能旺盛，当营养生长不良或过旺时，由于没有足够的有机营养物质，或营养物质过多地消耗在营养器官的生长上而输送到生殖器官中的反而很少，就会造成生殖生长不良。营养生长和生殖生长的相互制约，主要表现在对有机养料的分配上。要使南方哈密瓜正常生长，就必须使这两类生长保持协调，使南方哈密瓜的生长和发育向着有利于人们需求的方向发展。这就需对南方哈密瓜的营养生长和生殖生长进行调节。在生产实践中，我们一般通过施肥、灌溉、摘心、整枝、去老叶、疏花、疏果等手段来调节南方哈密瓜的营养生长和生殖生长。

1. 生长势与坐果的关系

不同品种植株的生长势差异很大。一般而言，生长势较弱的品种坐果节位较低，坐果率较高；而生长势强的品种，坐果节位较高，坐果率则较低。生长势强的品种，在南方多雨的条件下，坐瓜比较困难，这是产量不稳的主要原因。同一品种不同长势的植株也有同样的趋势。

2. 叶面积与果实大小的关系

单株叶面积和果实大小有密切关系。果实发育需要叶片扶持，果实膨大程度取决于叶片向果实输送同化产物的数量，叶片与果实之间是源与库的关系。同一品种在正常生长情况下，雌花开放时的叶片数不仅直接影响子房的大小，也直接影响果实的大小。雌花开放时，单株叶数多，叶面积大，则花器大、发育好、子房肥大，易于结果，单瓜重，含糖量较高。试验表明，在坐果期植株有25片左右的功能叶，2 000～3 000cm^2 叶面积，结果盛期有35片左右功能叶，6 000cm^2 左右的叶面积，可以结成重4～5kg的果实。据前人研究测定，早、中熟小果型品种合理的叶面积指数，坐果期以0.7左右为宜；在果实生长期以1.5～1.8为宜。叶面积是由叶数和单叶面积构成，叶面积指数过低，漏光损失严重，不能充分利用光能，单位面积产量降低。反之，叶片相互重叠，田间郁闭，光合效率降低，也不能提高产量。

3. 坐果节位和结果的关系

南方哈密瓜不同节位雌花所形成的果实重量是不同的，成熟时的果重与花期子房重量呈正相关，而南方哈密瓜不同节位雌花子房的大小主要取决雌花形成期植株的叶面积，一般规律是低节位的果实较小。大量试验结果表明，南方哈密瓜低节位所结果实，由于当时功能叶数少，单果重和单位面积产量明显降低；坐果节位高，功能叶数增加，单果重和单位面积产量相应提高，但过高，由于根系老化，吸收及输送营养物质能力减弱，有机养分积累不足，使果实含糖量降低品质下降。故应在适宜节位选留果实实现高产优质，南方哈密瓜的留果节位以12～15节为最好。

4. 植株调整与果实产量的关系

南方哈密瓜分枝性强，如放任生长必然藤多、叶多，造成相互重叠，影响光照，通风不良，使病害加剧。适当整枝可集中营养，以增强叶片素质，维持较长同化效能，改善光照条件，调整植株长势，提高坐果率，增大果形。通常，哈密瓜有两种整枝方式，一种是保留主蔓，子蔓上结瓜，另一种是主蔓打顶摘心，留二条子蔓，孙蔓上结瓜。哈密瓜的密度与产量成正比，但密度过大茎叶浓密，通风差，光合效率低，致使果实小，皮色差，品质下降，商品果率低，从而影响经济效益。据试验，750 株/亩与 500 株/亩比较，前者较后者增产 21.5%，但单瓜比后者小，果皮增厚，可食部分少，糖度也降低 1%～1.5%。由此可见，合理密植结合整枝可以取得增大果形，提高品质，保障收益的实际效果。

（二）花芽分化

1. 分化过程

哈密瓜花芽分化初期，花器官没有性别分化，具有两性特征，此后随着环境条件的变化，内源激素发生了变化，在激素的作用下出现雌雄花的分化。先分化雄花，以后雌花雄花陆续分化。雄花分化被分为花原基形成期、花药形成期、花粉形成期、花蕾期和开花期五个阶段。

雌花分化是在花原基分化到雄蕊分化形成明显突起以后，在 3 枚雄蕊原基突起的内侧分化形成雌蕊原基突起。雌花花芽分化被分为花原基形成期、雌蕊原基分化期、心室柱头形成期、花蕾期和开花期五个阶段。自然状态下，哈密瓜一生分化形成的雌花多达几十枚至 100 多枚。

从外部形态观察，当子叶展开、第一片真叶伸出时，花芽分化已经开始，到第四片真叶展开时主蔓、侧蔓的花芽分化达到高峰，此前分化形成的雌花是哈密瓜植株主要的结果花。一般情况下，此后分化形成的雌花不易结果，在栽培上没有实际意义。

温度和光照条件对花芽分化的过程和质量有明显的影响。低温有利于雌花的分化形成,降低分化节位。昼夜温差也对花芽的分化有明显的影响,在白天气温相同的条件下,夜间气温低,则着花节位降低。在低温条件下分化形成的花芽肥大,质量好,开花结果好,但温度不能低于 15℃。一般适宜的温度条件白天为 30℃左右,夜间为 20℃左右,如果夜间气温超过 25℃,雌花分化将延迟。因此,在幼苗期肥水供应适当、光照充足、温度适宜时植株生长健壮,花芽分化充分,结果花节位降低,可为优质高产栽培打下良好的基础。

在适宜的温度和水肥条件下,如果将每天的日照时数增加到 12h,则有利于花芽的分化,花芽分化数量多,雌花着花节位降低,开花结果早。如日照时数不足 8h 就会抑制花芽的分化,花芽数量少,着花节位高,开花比正常条件要推迟 8～9d。强光照射有利于花芽分化,可增加花芽的数量,提高花芽的质量。而肥水过多,造成植株旺长时,强光对于花芽的分化和开花的作用更明显,这时如果仍处于弱光照射下,将严重影响植株的正常开花结果。

2.影响花芽分化的因素

从生理上讲,南方哈密瓜从 2 片真叶后,随着叶片的展出和茎蔓的生长,在一定节位后陆续分化,并逐渐发育成雄花和雌花。雌花形成的节位受品种、气候和栽培条件的影响,其中播种季节、温度、光照、湿度、植物生长调节剂对花器官形成影响最大。

(1)播种季节:据试验,播种期早,雌花节位低,播种期愈晚,雌花的节位越高。

(2)温度:对花芽分化的影响试验表明,温度与南方哈密瓜雄花的发育成正比,而与雌花的发育成反比。也就是说,温度越高,出现的雄花越多,而雌花越少。温度较低时,有利于雌花的发育,且第一雌花着生节位低,特别是夜间温度对南方哈密瓜性型分化起决定性作用,夜间温度低,有利于雌花的发育,夜间温度高,有利于雄花的发育,昼夜高温会减少和推迟雌花的发生。据试验,当白天温度在20℃，夜间温度在13℃时，第一雌花的节位一般在9～10节，以后每隔4～5节出现一雌花。若白天温度在27℃，夜间温度在22℃时，第一雌花的节位就会延长到20节，雌花间隔的节位在6～7节。花芽分化适宜的温度，白天应为20～22℃，晚上为13～15℃。

(3)光照对南方哈密瓜花芽分化的影响：南方哈密瓜属短日照植物，日照长短影响花芽分化及雌花比例。短日照有利于雌花的发育，且节位降低；长日照则有利于雄花的发育。

(4)湿度对南方哈密瓜花芽分化的影响：空气湿度和土壤湿度均对南方哈密瓜花芽分化及花器官形成有一定影响。当空气湿度较高时，花芽分化形成早，且有利雌花的形成；当土壤水分过多，使根压升高时，细胞原生质胶体过度膨胀而使呼吸氧化过程加强，因而不利于花芽分化和雌花的形成。据试验，田间湿度以50%～60%最为适宜。

(5)营养条件对南方哈密瓜花芽分化的影响：南方哈密瓜植株的营养状况与花芽分化关系密切。植株体内同化产物积累多，有利于雌花的分化，可以增加雌花密度，提高雌花质量。反之，则雌花着生节位提高，雌花间隔节数增加，雌花密度降低。

(6)植物生长调节剂对花芽分化的影响：植物生长调节剂能影响植物体内的生物化学变化，从而直接影响到南方哈密瓜的花芽分化，用赤霉素30～100mg/L喷施南方哈密瓜叶片或生长点，都有促进雄花的发育，抑制雌花发生的作用。乙烯类激素一旦被作物吸收，既可抑制雌、雄花的发育，同时也可抑制主蔓的生长。因此，在坐果前期，不能使用带激素性的叶面肥料。

(7)品种特性对南方哈密瓜花芽分化的影响：一般来讲，品种生长势越强，坐果节位越高，在雨水偏多，土壤湿度大的情况下，田间表现更为明显。

(三)开花结果

花芽生长发育完成后,气温达到开花指标,花就开放。开花所需的温度条件在不同品种之间有所不同,所需适温为20℃左右,最低温度为18～20℃。雄花成花较早,一般比雌花开放要早5d左右。

开花的延续时间,因温度和空气湿度条件的不同有所变化。在低温和高湿条件下,开花时间要推迟,开花持续时间延长,相反,在高温和干燥条件下开花的持续时间较短。花开放时间一般在早晨日出时,花开放2h内柱头和花粉的生活力最强,授粉结实率最高,4～6h以后,即到中午时,虽然从外观上看不出花瓣有明显萎蔫,但雌雄器官的生活力已明显下降,授粉结实率很低,到中午以后失去授粉能力。哈密瓜一朵雄花有花粉10 000粒左右,花粉粒的外壁有黏性物质,易于黏在柱头上。每个花粉粒有3个发芽孔,落在柱头上以后花粉管由孔内伸出,精子由花粉管经柱头进入子房。花粉粒发芽伸出花粉管的最适宜温度在25℃左右,在温度、湿度适宜的条件下,花粉粒10min内即可发芽。

雌花开放后,柱头露出,在柱头表面分泌出黏性物质,把落在上面的花粉粘住,这种黏性分泌物还对花粉粒的发芽有促进作用。花粉落到柱头上后3～4h,大部分花粉能够伸出花粉管把精子送到子房中受精,24h后大部分胚珠完成受精过程。以后受精卵不断进行细胞分裂伸长,逐渐发育形成种子。

雌花子房完成受精过程后,便开始膨大生长,形成幼果。迅速膨大的幼果中含有大量的生长类激素如细胞分裂素、细胞激动素、生长素和赤毒素,这些激素含量的提高使幼果成为植株生长发育的中心,促使各种营养物质向幼果中心转移,使得流向茎尖和其他营养器官的营养物质减少。因此,幼果的出现标志着植株的生长发育过程已由营养生长为主转向以生殖生长为主。但在结果的早期,幼果下部的叶片中合成和积累的营养物质主要供应幼果的生长需要，而上部叶片中的营养物质仍以供应茎尖的生长为主，植株的生长发育仍很旺盛，茎蔓不断地向外生长、延伸。因此，要及时进行整枝、掐顶，适当控制营养生长，保持生殖生长和营养生长协调进行，既满足幼果生长发育对营养物质的需要，又使得营养生长保持在适当的水平，以保持植株具有一定的光合面积，来满足果实发育的中后期对营养物质的需求。

（四）果实的生长与发育

栽培上把从开花到果实成熟采收时期叫果实发育期。从生物学上看，果实的发育从雌花现蕾就开始了。果实发育期因品种而异。哈密瓜的早熟品种一般为 30～40d，中熟品种为 40～70d，晚熟品种为 70～80d。哈密瓜果实的生长发育期可分为 4 个阶段：即子房膨大期（现蕾期）、坐果期、果实膨大期和成熟采收期。

1.果实的生长过程

从结瓜部位雌花开放起，经过果实“退毛”、“变色”、“定个”一直到果实充分成熟止，为结瓜时期。在这个时期内根系伸展甚微，接近停止伸展，而叶蔓则开始急剧增长，当幼果坐稳并开始迅速膨大后，叶蔓生长又迅速减缓，并逐渐转向衰老，从地下根系吸收的水分和矿物盐类以及由地上叶片所积累的光合产物大量输往果实方向。因此，果实体积与重量急剧增长，果实内的糖分逐步积累转化，种子也渐渐发育成熟。当气温在 25～30℃条件下，这个阶段一般需 30～35d，若在一株结果多情况下，这个过程还得延长，一般结二次瓜时需延长 20～30d，结三次瓜则将延长40～50d。根据南方哈密瓜果实发育过程不同阶段的生育特点，结瓜时期可再分成前、中、后 3 个时期。

（1）结瓜前期（亦称坐果期）：从结瓜部位雌花开放至坐果，为结瓜前期。当气温在 25～30℃时，此期需 4～5d，此时雌花完成受精过程，子房开始膨大，当幼果长至鸡蛋大时，果面上的绒毛开始稀疏不显，并具光泽，“退毛”期的出现表明果实已经基本坐稳，并开始转入迅速生长阶段。在这个时期内，叶蔓继续旺盛生长，幼果重量的绝对生长量虽然非常有限，但其生长率却很高，南方哈密瓜果实细胞的分裂增殖主要是在这个时期内进行。坐果期是整个植株生长从以营养生长为主逐步转入到以生殖生长为主的过渡阶段，是二者争夺养分矛盾最激烈的一个阶段，如果此时管理措施跟不上，“促”、“控”技术不协调，或雨水较多，天气过旱，均不易坐住果。所以，在这个时期内，应采用控制肥水、及时整枝、合理压蔓等控制营养生长的措施，同时，可以通过人工辅助授粉、喷用生长激素（如萘乙酸）等措施，促进坐果。

（2）结瓜中期（亦称膨瓜期）：从果实“退毛”至果实“定个”，为结瓜中期，是果实的生长盛期，这个时期约需 21d。在这个时期内，植株体内大量营养物质随着水分集中运往果实，其体积和干重的增长占终值的 90%左右。因此，果实体积迅速膨大和急剧增重成为这个阶段的主要生育特点，故称之膨瓜期。根据南方哈密瓜果实的膨大发育特点，以果皮“变色”（或“上粉”）为界限可再分成两个分期：果皮“变色”前为膨瓜前期；果皮“变色”后为膨瓜后期。果实体积和重量的每日绝对增长量以膨瓜前期最大，约占终值的 77.8%。

膨瓜期内的需肥量也很大，占总需肥量的 77.5%，平均每日吸肥量亦以此期为最多。当气温在 25～30℃时，膨瓜前期约需 5～8d，膨瓜后期则需 13～16d。由于果实旺盛生长需要消耗大量养分，因此，在此期内植株生长极易产生“脱力”现象，常常表现为叶色转黄开始老化，并易于感病。栽培上，应采用连浇几次膨瓜大水和增施以钾肥为主的速效性肥料等措施，以满足果实急剧增长的需要和确保果实品质。除此之外，应注意防病，根外追肥以保护叶片，防止植株早衰。

（3）结瓜后期（亦称成熟采收期）：由果实“定个”至果实生理成熟止为结瓜后期。果实进入成熟采收期后，果实中生长激素的含量已经很低，乙烯和脱落酸的含量急剧增加，各种水解代谢旺盛，并有部分新的有机物质合成，尤其蛋白质的合成是果实发育过程中的第二个高峰。大量的有机酸被氧化分解，或与醇类物质化合形成有芳香气味的脂类物质。多糖水解，蔗糖含量增加。果肉细胞壁的果胶质被水解，果实变软。

这个时期是决定糖、酸、脂等主要影响果实风味的有机物质的含量和比例的关键时期，要控制水分和氮的供应，以保证多糖水解代谢的正常进行和脂、蛋白质的合成。如若水分和氮供应过多，提高了蛋白质、脂肪的代谢和其他生命活动，就会提高游离氮、多糖、有机酸的含量，而降低蔗糖、蛋白质和芳香脂的含量，降低果实品质，破坏果实的风味。

果实进入成熟采收期，体积大小和形状已基本定型。此时，果皮开始发亮变硬，有的品种果面蜡粉逐渐不显，瓜瓤开始变色，种皮开始硬化而尚未着色，此时的种子千粒重仅为充分成熟时种子千粒重的50%左右，这也就是通常所说的六七成熟的时候。果实发育进入结瓜后期以后，果实内部经过一系列的生物化学作用而发生了质变：胎座细胞内的色素增加成为该品种所固有的色泽；果汁内的蔗糖合成能力增强，水解减弱，还原糖含量下降，蔗糖、果糖含量上升，甜度显著增加。同时，胎座薄壁细胞充分增大，细胞间隙中胶层解离而瓤质由紧密转为脆沙适口，果实相对密度亦随之下降。果实逐渐成熟，种仁逐渐充实、种皮逐渐着色，瓤质变甜成为这个阶段的主要生育特点。

在南方哈密瓜果实成熟过程中，不同部位果肉中的糖分分布是不同的，成熟果实内中心部位的含糖量最高，种子附近次之；欠熟果实却适得其反，即种子附近的含糖量最高，中心部位次之；近果蒂一端的含糖量高于近果柄一端的含糖量。不论成熟或未成熟果实中，其向阳果面果肉中的含糖量均高于背阴果面，而近果皮部位果肉中的含糖量，在未熟果实上的向阳面高于背阴面，到了果实成熟时则变为背阴面高于向阳面。在结瓜后期内植株迅速老化衰败，基部老叶开始脱落，茎蔓先端又重新开始缓慢伸长。二次瓜一般在此期内开花坐果的比较多。当气温在25～30℃时，这个阶段需7～10d。在此期内必须停止浇水，加强排水，以确保果实品质。结多次果的地块，此时应继续追施速效性果肥和做好病虫害的防治工作。

结瓜期是南方哈密瓜植株生理活性由强转弱的一个阶段。在坐果期内，叶片保持着较高的光合强度、呼吸强度和蒸腾强度水平。当植株进入膨瓜期后，随着大量养分往果实方向集中运转，叶片的光合强度、呼吸强度和蒸腾强度逐渐下降。进入成熟期后，随着叶片的老化衰败，其生理活性下降得更为剧烈。全株的蒸腾总量以膨瓜期为最多，此时，果实迅速膨大也需要大量水分。所以膨瓜期是南方哈密瓜一生中生理需水量最大的一个时期。

2.果实生长过程中重量与体积的变化

果实生长主要在前半期。据观察，果径迅速生长一般是在开花后12d，达终值的60%，开花后22d达85%；日增长量以开花后的6～12d为最高，12d以后至22d是它的一半，以后锐减。果实体积的增长，第12d是终值的25%，第22d是终值的60%，第29d是终值的80%；日增长量以第12d至第22d为最高，以后继续有所增长，直至收获。

南方哈密瓜果实的生长首先是细胞的分裂、细胞数目的增加，然后是细胞体积的膨大。开花后2周，南方哈密瓜果实细胞的直径只有20～40μm，但至收获期则为350～400μm，细胞体积增加10倍或10倍以上。胎座薄壁细胞的膨大较其他组织大，胎座细胞的膨大与果径的增大相适应，开花后20～25d的定果期，胎座细胞膨大甚微，后期则不再膨大。

3.果实发育中的生物化学变化

南方哈密瓜果实的主要成分是糖、酸、纤维素和矿物盐等。果实成熟的主要表现是：果肉组织变软，水分含量增加，含糖量急增，色泽加深等。

(1)糖分：南方哈密瓜果实中糖的组成主要是果糖、葡萄糖、蔗糖。幼果中出现少量淀粉，而成熟果中很少发现。

总糖在发育的前半期不断增加，其后增加缓慢，到坐果后期45d呈减少的倾向。还原糖在发育的前半期增加较快，高峰出现较早，到坐果30d以后还原糖的增加停滞，到40d以后急剧减少。而蔗糖在发育前半期甚少，30d以后开始剧增。

在同一果实不同的部位，含糖量也存在差异。一般向阳面含糖量较阴面（着地面）的高，脐部（收花处）较基部（近果梗处）的高，中心部位较近皮部的高，这种差异因品种而不同。

南方哈密瓜除含有糖以外，还含有1.4%的纤维素和半纤维素，约1%的果胶。

(2)有机酸：南方哈密瓜的含酸量较少，在多数情况下只略有酸味，果实生长初期含量较高。故一般采摘过早、营养不良的南方哈密瓜含酸量较高。南方哈密瓜在成熟过程中，果汁中的有机酸略有升高，但由于蔗糖明显增加，糖酸比提高，风味增加。

(3)维生素：南方哈密瓜中的维生素主要为维生素C和维生素A。

维生素C的含量随果实的成熟而增加。维生素A作为维生素A原的胡萝卜素含量因品种不同而异。一般每百克果肉中含β—胡萝卜素0.79～4.05μg，而且与果肉色泽关系不大。

(4)色素：南方哈密瓜果肉的颜色有橘黄、橙色、大红等。不同肉色所含的色素种类不同，红肉种以茄红素为主，黄肉种以叶黄素为主，橙肉种则茄红素、叶黄素、胡萝卜素都有。肉色深浅与各自的色素含量和比例有关。

南方哈密瓜果实发育过程中色素的变化，以红肉种为例，雌花开放15d左右，在胎座中央开始现红色，果实边缘尚未着色，茄红素含量也低。随着果实的生长，色素逐渐增加，接近成熟时，色素增加明显。因此，色泽是果实成熟的重要标志。

色素的形成与温度有关。色素自果实内部形成，一般果实的向阳面着色比阴面好，因阳面温度较高，有利于色素的形成。

第三节 南方哈密瓜对环境条件的要求

哈密瓜原产于新疆，经过自然驯化，已完全适应了夏季高温、空气干燥、雨水稀少、日照时间长、昼夜温差大等自然条件，在南方雨水充沛，气候高湿地区就不能种植。经多代杂交回交、辐射育种等手段育成的南方哈密瓜在耐湿抗病力等方面有了很大的改善和提高。如浙江年降水量达 1 000～2 000mL，哈密瓜成熟上市期湿度极大，但通过保护地栽培管理，所生产的哈密瓜产量与品质已完全可与新疆原产哈密瓜媲美。

1. 温度

哈密瓜是喜温耐热的作物之一，极不耐寒，遇霜即死。其生长适宜的温度，白天为 26～32℃，夜间为 15～20℃。哈密瓜对低温反应敏感，白天 18℃，夜间 13℃以下时，植株发育迟缓，其生长的最低温度为 15℃。10℃以下停止生长，并发生生育障害，生长发育异常，7℃以下时发生亚急性生理伤害，5℃、8h 以上便可发生急性生理伤害。

哈密瓜不同器官的生长发育对温度的要求有所不同，茎叶生长的适温范围为 22～32℃，最适昼温为 25～30℃，夜温为 16～18℃。当气温在 13℃以下，40℃以上时，植株生长停滞。哈密瓜根系生长的最低温度为 10℃，最高为 40℃，14℃以下、40℃以上时根毛停止发生。为使植株根系正常生长，生育的前半期地温应高于 25℃，后半期应高于 20℃，18℃以下即有不良影响，若土壤冷凉且水分过多，植株根毛易变褐，导致幼苗死亡，这在冬春栽培育苗中容易发生。果实膨大时以昼温 27～32℃，夜温 18℃左右为宜，较高的温度有利于果实的膨大。

哈密瓜不同生育阶段对温度要求也有明显差异。哈密瓜种子发芽时对温度要求较高，最适宜的发芽温度为 28～30℃，在最低温度为 15℃、最高温度为 30℃的环境中 24h 开始发芽；温度越低，萌芽越慢，温度长期低于15℃时，种子就会霉烂。苗期最适宜的生长温度为25～30℃，温度低于13℃或高于40℃均停止生长。当白天温度为30℃、夜间温度为20℃时是花芽分化期形成雌花的最适宜温度，若夜间温度超过25℃，则花芽分化推迟、节位高且少。哈密瓜开花坐果期以25～30℃最适宜，18～30℃是果实膨大期最适的温度，夜间温度过高对果实发育不利。

哈密瓜茎、叶的生长和果实发育均需要有一定的昼夜温差。茎叶生长期的温差为10～13℃，果实发育期的温差为13～15℃。昼夜温差对哈密瓜果实发育、糖分的转化和积累等都有明显影响，昼夜温差大，植株干物质积累和果实含糖量高；反之则积累少，含糖量低。

哈密瓜全生育期的有效积温早熟品种为1 500～2 200℃，中熟品种为2 200～2 500℃，晚熟品种2 500℃以上。

2. 光照

哈密瓜全生育期对光照要求较高，强光照和长日照时数对植株生长十分有利，并有利于果实膨大期的高糖分的积累，年日照时数在3 000h以上可获得优质高产。如果光照不足，植株生长发育就要受到抑制，果实产量低、品质低劣。据测定，哈密瓜的光饱合点为5.5×10^4～6.0×10^4lx，光补偿点一般在4×10^3lx，光合强度17～20mg/($100cm^2$・h)。幼苗期光照不足，苗易徒长，叶色发黄，生长不良；开花结果期光照不足，植株表现为营养不足、花小、子房小、易落花落果。结果期光照不足，则不利于果实膨大，且会导致果实着色不良，香气不足，含糖量下降等。

哈密瓜正常生长发育需10～12h的日照，日照的长短对哈密瓜的生育影响很大。据试验，在每天10h的日照条件下，花芽分化提前，结实花节位低，数量多，开花早。每天日照时数少于8h，无论其他条件如何优越，植株均表现结实花节位高，开花延迟，数量减少。

哈密瓜不同的品种对日照总时数的要求也不同，早熟品种需

1 100～1 300h，中熟品种需 1 300～1 500h，晚熟品种需 1 500h 以上。

在日照资源丰富，春夏日照率高，4～7 月光照强度常在10×10^4lx 以上，日照时数超过 10h 的地区特别适宜栽培哈密瓜。宁波也属于适栽区。冬春季哈密瓜大棚栽培，多需在冬季或早春进行保护地育苗。此时日照时间短、光照弱，故育苗密度要小，在保证幼苗不受冻害的前提下，尽量将覆盖物早揭晚盖，让幼苗多见光。连续阴雨天时，可利用高压汞灯、碘钨灯等对幼苗进行人工补光。在栽培过程中，应尽量保持大棚塑料薄膜干净透明。

3. 湿度和水分

哈密瓜苗期对土壤水分要求较低，以土壤最大持水量 60%～70%为宜，此后生长期需水逐渐增加，果实发育期是哈密瓜水分需求临界期，随着果实的成熟需水量逐渐减少。空气湿度和降水量是哈密瓜传染性病害大面积发生的诱因之一，严重时引起成熟期裂果现象。因此，对土壤湿度的要求应随着哈密瓜生育期变化而变化。

哈密瓜生长发育中较适宜的空气相对湿度为 50%～60%，南方哈密瓜对空气湿度的耐受力明显增强，可适应 70%以上的空气湿度。空气湿度过高易诱发各种病害。在高温、高湿的条件下，这种危害就更加严重，尤其是在坐果后。

大棚栽培南方哈密瓜时，5～6 月棚内的湿度一般为 40%～95%，容易引起疫病、蔓枯病等的发生。此阶段晴、雨交替频繁，如不及时揭膜通风，常易因高温导致大面积发生枯萎病。在栽培中，通过采用地膜覆盖，大棚覆盖长寿无滴膜，严格控制浇水次数和浇水量，阴雨天及时通风散湿，适时喷药防病等措施加以预防。

哈密瓜根系发达，根群在土壤中分布深而广，具有较强的吸水能力。哈密瓜生长快，生长量大，茎叶繁茂，蒸腾作用强，一生中需消耗大量水分。据测定，1 棵 3 片真叶的哈密瓜幼苗，每天耗水 170g，开花坐果期每株哈密瓜每昼夜耗水达 250g，故应保持土壤有充足的水分。哈密瓜的不同生育期对土壤水分的要求是不同的，幼苗期应维持土壤最大持水量的65%，伸蔓期为70%，果实膨大期为80%，结果后期为55%～60%。幼苗期和伸蔓期土壤水分适宜，有利于根系和茎叶生长。在雌花开放前后，土壤水分不足或空气干燥，均可使子房发育不良。但水分过大时，亦会导致植株徒长，易化瓜。果实膨大期是哈密瓜对水分的需求敏感期，果实膨大前期水分不足，会影响果实膨大，导致产量降低，且易出现畸形瓜；后期水分过多，则会使果实含糖量降低，品质下降，易出现裂果等现象。大棚栽培哈密瓜中多采用地膜覆盖，地膜具有很好的保墒作用，因此，浇水次数可适当减少或勤浇与滴灌。

4. 土壤

哈密瓜根系强壮、吸收力强，对土壤条件的要求不高，在沙土、沙壤土、黏土上均可种植，但以疏松、土层厚、土质肥沃、通气良好的沙壤土为最好。沙壤土早春地温回升快，有利于哈密瓜幼苗生长，果实成熟早，品质好。沙壤土保水、保肥能力强，在黏性土壤上栽培哈密瓜，生长后期长势稳定。沙质土壤种植哈密瓜，在生长发育的中后期要加强肥水管理，增施有机肥，改善土壤的保水、保肥能力；还要注意在早春多中耕，提高地温，并在后期控制肥水，以免引起植株徒长。哈密瓜对土壤酸碱度的要求不甚严格，但在pH值6～6.8条件下生长最好。酸性土壤容易影响钙的吸收而使叶片发黄。哈密瓜的耐盐能力也较强，土壤中的总盐量超过0.114%时能正常生长，可利用这一特性在轻度盐碱地上种植哈密瓜，但在含氯离子较高的盐碱地上生长不良。

哈密瓜比较耐瘠薄，通过增施有机肥，肥料合理配比，可以实现高产优质。

5. 矿质营养

哈密瓜对矿质营养需求量大，从土壤中可大量吸收氮、磷、钾、钙等元素。矿质元素在哈密瓜的生理活动及产量形成、品质提高中起着重要的作用。供氮充足时，叶色浓绿，生长旺盛；氮不足时则叶片发黄，植株瘦小。但结果前期若氮素过多，易导致植株疯长;结果后期植株吸收氮素过多,则会延迟果实成熟,且果实含糖量低。缺磷会使植株叶片老化,植株早衰。钾有利于植株进行光合作用及原生质的生命活动,施钾能促进光合产物的合成和运输,提高产量,并能减轻枯萎病的危害。

钙和硼不仅影响果实糖分含量,而且影响果实外观。钙不足时,果实表面网纹粗糙,泛白;缺硼时果肉易出现褐色斑点。

哈密瓜对矿质元素的吸收高峰一般在开花至果实停止膨大的一段时间内,施肥时既要从整个生育期来考虑,又要注意施肥的关键时期,基肥与追肥相结合。在播种或定植时施入基肥,在生长期间及时追肥。为满足哈密瓜对各种元素的需要,基肥主要施用含氮、磷、钾丰富的有机肥,如栏肥、饼肥等;追肥尽量追施氮、磷、钾复合肥和磷酸二铵等,一般不单纯施用尿素、硝酸铵等化肥。尤应注意在果实膨大后不再施用速效氮肥,以免降低含糖量。另外,在哈密瓜栽培中,铵态氮肥比硝态氮肥肥效差,且铵态氮会影响含糖量,因此生产中应尽量选用硝态氮肥。

哈密瓜为忌氯作物,不宜施用氯化铵、氯化钾等肥料,也不能施用含氯农药,以免对植株造成不必要的伤害。

第三章 南方哈密瓜两熟栽培特点与大棚构建

第一节 南方哈密瓜两熟栽培特点

享誉国内外的新疆特产哈密瓜经过育种科学家多年培育，如今已在江苏、浙江、福建、江西、湖南、湖北、广东、广西壮族自治区（全书称广西）、上海、安徽、珠海、厦门、海南等南方地区“落户”。

从1992年起，育种科学家采用杂交、辐射等多种育种手段，每年春夏在位于中国西北的新疆吐鲁番地区进行哈密瓜育种，秋冬再到最南端的海南省选育，试验筛选耐湿性强的品种。经过8年的艰辛培育，循环选择，终于从2000年起陆续推出了“东方蜜1号”、“东方蜜2号”、“雪里红”、“黄皮9818”、“红妃”、“甬甜5号”、“东之星”等可在中国东南沿海和南方种植的哈密瓜新品种。

南方栽培哈密瓜，具有在新疆原产地栽培所不同的特点。

（1）哈密瓜属于甜瓜种（*Cucumis melo* L.）厚皮甜瓜亚种（*ssp*. melo），夏甜瓜变种（*var*. ameri）和冬甜瓜变种（*var*. zard）中的脆肉型甜瓜。次生起源中亚与主产地新疆均为干旱沙漠、半沙漠环境，干燥少雨，光照充足，昼夜温差大。经过上千年的自然与人工选择后，哈密瓜具有喜干燥、高温、耐强光和长日照等自然属性，生长有着极强的地域性，新疆地区气候条件下生产出来的哈密瓜味甜、口感好。而在东南沿海地区由于多雨水、高温、高湿，哈密瓜病害发生严重，不容易引种成功。要在南方种好哈密瓜，在品种选择、栽培模式、栽培技术上要掌握三大技术关键,即选好耐湿、抗病、适应低温弱光大棚栽培模式的优良品种,管好水,防好病。

(2)南方栽培哈密瓜,要取得好效益,在栽培季节安排时应错开新疆产哈密瓜冬春季上市期和海南产哈密瓜秋季大量上市期,提倡两季设施栽培,精心安排好两季哈密瓜的播栽期。

(3)南方栽培哈密瓜,必须改善栽培条件。如哈密瓜较耐高温,对低温耐受能力弱。春季低温,应注意在土温不低于 14℃时移栽,并需提前盖棚提高土温,温度过低时还要在大棚内搭小、中棚增温保温。

第二节　大棚构建

哈密瓜设施栽培有多种形式,目前鄞州区的哈密瓜,主要采用塑料大棚栽培。

塑料大棚是塑料薄膜覆盖大型拱棚的简称,是南方地区普遍适用的保护地栽培模式。与日光温室相比,具有结构简单、一次性投资少、建造和拆装方便、有效栽培面积较大、作业方便等优点;与露地栽培哈密瓜相比,具有较强的抗自然灾害的能力,可提早或延后栽培,能明显地增产增收。

一、大棚栽培的特点

近年来,塑料大棚栽培已成为南方哈密瓜最重要的栽培方式,面积逐年扩大。与其他栽培方式相比,大棚栽培哈密瓜有如下优势。

1. 具有明显的增温、保温效果

塑料大棚能创造适宜哈密瓜生长发育的小气候条件,其增温保温效果十分显著。宁波市鄞州区哈密瓜的春季播种期多在 11 月底到翌年 2 月中下旬(其中,11 月下旬至 12 月中下旬播种的为冬春茬;翌年 1 月中下旬到 2 月中下旬播种的为早春茬),此期间,在阴雨天条件下，棚内平均气温可高于外界1～6℃，多云及晴天高10～17℃。据鄞州区1991—2006年气象要素分析，4月至6月大棚外的日平均温度20.6℃，棚内最高温度在35℃以上，大棚的气温日较差比棚外高，通常在15℃以上，地温和气温稳定在15℃以上的时间比露地早30～40d，比地膜覆盖的早20～30d。此外，由于大棚内空间和土地面积大，可根据需要进行植株配置，并可进行棚内多重覆盖或前期补温，实行全生育期覆盖，避开外界风、雨等不良天气影响。大棚内光照、通气和空气湿度比小棚优越，而且管理方便，能在不良的外界气候条件下为哈密瓜生育创造良好的小气候环境。

秋季为反季节栽培，鄞州区哈密瓜的秋季播种期多在7月下旬至8月中下旬，此期间，在阴天条件下，露地气温平均为26.4℃，此期间要重点防止幼苗徒长；进入11月以后，气温则下降迅速，11月中旬日均温已不足15℃，此时利用塑料大棚保温增温，创造哈密瓜后期生长发育需要的较高积温的条件。

2.促进哈密瓜生育

大棚哈密瓜一般可比露地提早定植2个月，比地膜和拱棚的双膜覆盖栽培分别提早1个月和半个月左右。即使是同期栽培，大棚也比拱棚双膜覆盖能更有效地促进哈密瓜生育。

3.早熟、增产，提早和延长供应期

大棚哈密瓜可比拱棚双膜覆盖早熟20～30d。由于昼夜温差大，有利光合产物的同化和累积，大棚栽培哈密瓜不仅品质优良，而且总产量可比拱棚双覆盖增产20%～40%，增值40%以上。同时由于大棚哈密瓜上市时，拱棚双覆盖哈密瓜尚未成熟，在不影响品质的前提下，有的哈密瓜品种可以多茬采收，提早和延长了哈密瓜供应期。

4.减轻病虫为害

哈密瓜的多数病害均与湿度、温度有关。大棚栽培创造了良好的小气候环境，通过滴灌、地膜覆盖等措施，降低了空气湿度，有利于哈密瓜健壮生长，因而，所产哈密瓜达到了优质、绿色食品的要求。

二、塑料大棚设施的结构与类型

塑料大棚按其覆盖形式可分为单栋大棚和连栋大棚两种。单栋大棚是以竹木、钢材、混凝土构件及薄壁钢管等材料焊接组装而成;连栋大棚是用 2 栋或 2 栋以上单栋大棚连接而成。

大棚按其面积(或容积)的大小又可分为塑料小棚、塑料中棚、塑料大棚 3 种。

(1)塑料小棚:小棚主要用细竹竿或竹片、荆条、6～8cm 的钢筋等作支架材料,弯成拱形骨架,中高 1～1.5m,跨度 2～3m。每隔 60m 顺序插入架材,深 20～30cm,长度依地势而定,骨架上覆盖塑料薄膜。

小棚结构简单,建造容易,适合种植矮生蔬菜,也适宜爬地式栽培哈密瓜。

(2)塑料中棚:跨度 4～6m,中高 1.5～2m,中间设一排支柱,拱杆间距 1m,3 个拱杆设一根支柱,支柱距棚面 20cm 处用竹竿纵向连接,用 10 号铁丝拧紧。把各立柱固定,形成一个整体。拱杆弯成弧形,两端插入地中。拱杆下部无支柱的,用吊柱下端固定在纵杆上,上端支撑拱杆,也可以增加一排立柱成双排柱中棚。塑料中棚在南方十分普遍,在生产上,所谓的大棚实际上许多是中棚。

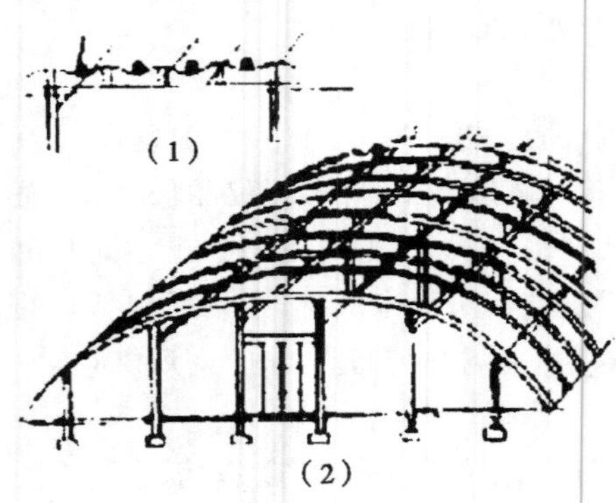

图 3-1　悬梁吊拉竹木大棚

(1)中拉纵断面图　(2)结构图

(3)塑料大棚:目前,哈密瓜主产区常用的塑料大棚是毛竹大棚。这种大棚,是以毛竹为拱架材料建造的(图 3-1),其特点是取材容易、成本低、建造方便。其次是装配式镀锌钢管大棚，简称钢管大棚，是采用薄壁镀锌钢管组装而成、由专业生产厂家生产的成套大棚，这种大棚造型美观、结构强度高、坚固耐用、防锈性能好、操作管理方便、透光率高。

三、毛竹大棚的建造

（一）场地选择

建造大棚时选择场地应具备下面几点要求。

1. 地势平坦、背风向阳

大棚的东、西、南三面无高大树木和建筑物遮阴，使大棚全天都有充足的光照。丘陵地区要避免在山谷风口处或窝风低洼处建棚。

2. 土质肥沃、排灌方便

一般应选择地下水位低、土质肥沃并且靠近水源处，如果在低洼处建棚，必须在大棚周围挖排水沟。

3. 交通方便

为了管理方便和产品外运，尽量选择离村庄较近和邻近公路的地块。

4. 几年内未种过瓜类作物。

（二）塑料大棚的整体设计

新建大棚一定要进行土壤深翻，要翻到35～40cm，并配合施用大量有机肥改良土壤，通常可亩施商品有机肥1～2t或腐熟农家畜禽肥2t。由于新建棚室中土壤大多是生土，在施用有机肥同时，还要注意搭配施用一些三元复合肥，以补偿土壤中速效氮磷钾的不足。

1. 塑料大棚群的整体布局

整体设计首先要考虑大棚群的布局，安排好道路的设置，选择好棚型结构，确定大棚门的位置和邻栋间隔距离等。场地道路应该便于产品的运输和机械通行，路宽最好能在3m以上。大棚的门最好在一条直线上，便于铺设道路。邻栋大棚的间隔，以邻栋不互相遮光和不影响通风为原则。一般从采光角度考虑，南北延长的大棚，棚间距离应不少于2m，南北距离应不少于5～6m。

2. 塑料大棚的棚型结构

棚型结构要求具备安全可靠、经济有效这一基本特性。因此，棚型结构必须合理，骨架、棚膜及其固定物必须牢固，抗风雪能力强，棚顶不积水。设计大棚时，既要考虑有利于改善大棚内的温度、光照等环境条件，又要有利于通风、降温，同时还要考虑如何降低成本，提高经济效益。

目前，生产上一般都采用流线型棚型结构，流线型棚面弧度大，风速被削弱，抗风力就好些。带肩大棚高跨比值小，弧度小，抗风力差。

3. 面积大小、长宽比、高跨比

大棚面积大小要根据生产需要并便于管理，鄞州区常见的毛竹大棚一般棚宽有5.1m、6.3m两种（分别配置大棚膜宽为7.5m、9m），棚长30～50m，单棚面积0.3～0.5亩，南北走向。大棚群整体布局，多为交叉排列，棚与棚间距离1～1.5m左右，棚与棚中间作一排水沟。棚架材料全部采用毛竹，用宽5cm左右，长为比大棚膜宽30cm的毛竹片作大棚拱架，两端插入地下各15cm，拱架间距1m左右。用同样宽的毛竹片作大棚龙骨，棚中间不设直立支架，棚高1.8～2.2m。

棚的长宽比值对大棚的稳定性有一定的影响，相同的大棚面积，长宽比值越大，周长越大，地面固定部分越多，稳定性越好。一般认为长宽比值等于或大于5较好。南方大棚一般长30～50m、宽6～8m为宜。太长，两头温差大，运输管理也不方便；太宽，通风换气不良，抗风雪能力弱，而且会增加设计和建造的难度。

棚体的高度要有利于操作管理，但也不宜过高，过高的棚体表面散热面积大，不利于保温，也易遭风害，而且对拱架材质强度要求也较高，提高了成本。一般简易大棚的高度以 2m 左右为宜。棚顶应有较大坡度，以利棚面排水，其高跨比一般为 1：(2.5～3)，中高以 2.2～2.8m 为宜。大棚越高承受风荷越大，但大棚太低，棚面弧度小，易受风害，雨大时还会形成水兜，造成塌棚。

4. 大棚的方向

大棚的方向很重要，通常可分为东西向大棚和南北向大棚。两种方位的大棚在采光、温度变化等方面有不同的特点，一般来说，东西向大棚，棚内光照分布不均匀，棚北侧由于光照较弱，易形成弱光带，造成北侧棚内哈密瓜生长发育不良。南北向大棚则相反，其透光量不仅比东西向多5%～7%，且受光均匀，棚内白天温度变化也较平稳，易于调节，棚内哈密瓜藤蔓生长整齐。因此，通常采用南北延长的棚向，偏角最好为南偏西，控制在 100°以内。

(三)毛竹大棚的材料及处理

材料：

(1)毛竹：二年生毛竹，长 5m 左右，中间处粗度 8～12cm，顶梢粗度不小于 6cm。竹子砍伐时间以 8 月以后为好，这样的毛竹质地坚硬而富有柔韧弹性，不生虫，不易开裂。按每亩大棚需毛竹约 2000kg 备用。

(2)大棚膜：选用多功能长寿无滴膜最佳，以增加光能利用率，提高棚的保温性能。膜幅宽 7～9m，厚度 6.5～8μm，一筒 50kg 的大棚膜可覆盖 0.83 亩左右。

(3)小棚膜：用普通农膜，幅宽 2～3m，厚度 3～4μm，用量 30～40kg/亩。小棚用的竹片长 2～3m，宽 2～3cm。

(4)地膜：选用 1.5～2m 宽的地膜，用量 3kg/亩。

(5)压膜带：最好选用上海产的压膜带，或就地取材，亩用量 7～8kg。

(6)竹桩：竹桩用毛竹根部制成，长约 50cm，近梢端削尖，近根端削有止口，以利压膜线固定，亩用量约 260 个。

在建造大棚前,要对一些骨架材料进行处理,埋入地下的基础部分是竹木材料的,要涂以沥青,或用废旧薄膜包裹,防止腐烂。拱杆表面要打磨光滑、无刺,防止扎破棚膜。

(四)毛竹大棚的建造工序及注意事项

(1)定位放样:以南北向大棚为例。按照大棚的宽度和长度,确定大棚的四个角,用勾股定律(即直角边为 3 和 4 时,斜边应为 5),使四个角均成直角后打下定位桩,在定位桩之间拉好定位线,并沿此线把插拱杆的地基铲平夯实。

(2)搭拱架。

(3)埋竹桩(压膜带固定柱)。

(4)选无风晴天上棚膜。

(5)上压膜带扣膜的同时准备好压膜带,一侧一人,拴紧、压牢。

(6)覆膜:常采用整块大棚膜覆盖,整块大棚膜的长、宽度均应比棚体长、宽 1m 左右。覆膜时,先沿大棚的长度方向,靠近插拱架的地方,开一条 10～20cm 深的浅沟,盖膜后,将预先留出的贴地部分依次放入已开好的沟内,并随即培土压实。这种盖膜方式保温性能好,盖膜时操作简单,但气温回升后通风较困难,有时只好在棚膜上开通风口,致使棚膜不能重复使用。

(五)压膜带及其固定方法

塑料大棚覆盖薄膜以后,均需在两个拱架间,用线来压住薄膜,以免因刮风吹起、撕破薄膜,影响覆盖效果,这些用来压住薄膜的各种线统称为压膜带。目前常用的压膜带为聚丙烯压膜带。

装配式镀锌钢管大棚(图 3－2)可用以下方法固定压膜带。

1.用小地锚固定

小地锚是用砖块(或石块)和铁丝做成。做法是:将长 1～1.1m 的 10～12 号粗铁丝,绑住砖块或石块,并留 40～50cm 长的铁丝结成环，埋在大棚两侧的每两个拱架之间，用碎砖、石块和土等填紧踏实，只留铁环露出地面。压膜带即固定在铁环上。

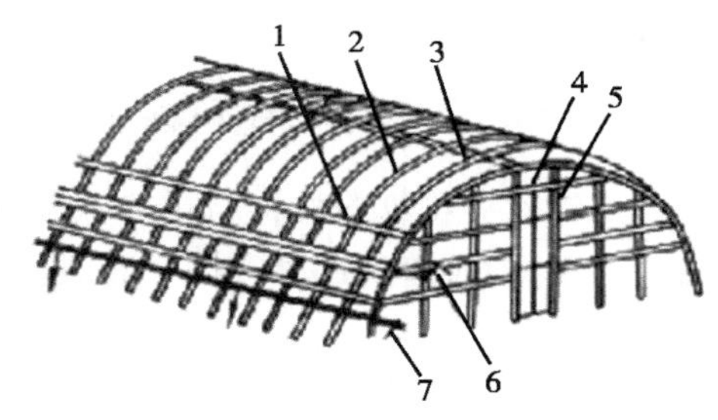

图 3—2　装配式镀锌钢管大棚

1. 卡槽　2. 拉杆　3. 纵向拉杆
4. 立柱　5. 门牌　6. 卷膜机构
7. 压膜带张紧机构

2. 用固定绳固定

固定绳采用直径 6mm 的铜丝绳或 10～12 号铁丝，沿大棚两侧地面紧靠拱架设置，压膜带固定于拱架两侧的两根绳上。埋固定绳前，先在大棚两端山墙外侧，紧靠棚边各开一个深穴，在固定绳的两端绑缚较大的石块后，放入穴中，用石块、砖块和土压紧埋实。埋时要使固定绳拉紧。为增加固定绳的可靠性。可每隔 3m 左右加埋一个小地锚，并将小地锚与固定绳牢牢地绑在一起，然后再固定压膜带。

四、825 型和 622 型管棚

（一）定位

根据棚的规格，在平整的土地上，先拉一条基准线，以勾股定律使 4 个角成直角，确定 4 角定位桩，并拉好棚头、棚边 4 条定位线。

（二）安装拱管

将拱管的下端按需插入的深度做好安装记号（一般为 50cm）。在棚纵向定位线上按确定的拱间距（一般为 60～70cm）标出安装孔，两侧的安装孔的位置应对称，用同拱管径相同的钢钎在安装孔位置打出所需深度的安装孔，将拱管插入安装孔内，然后用接管将相对拱管连接好。

(三)安装纵向拉杆和拱管

用钢丝夹将纵向拉杆与拱管在接管处连接好,然后进行拱管高低调整,使拱管肩部处于同一直线上,纵向拉杆尽可能直。

(四)装压膜槽和棚头

上压膜槽处在接近肩部的下端,下压膜槽离地面1～1.1m,二压膜槽间距60cm左右,安装时,压膜槽的接头尽可能错开,以提高棚的稳固性。

棚头应在安装纵向拉杆和压膜槽前固定好,作棚头的二副拱管应保持垂直,为提高棚头抗风能力,拱架的高度可比其他拱管略低(略插的深些),同时安装好棚头立柱。

(五)覆膜

先上围裙膜,把围膜的上边用卡簧固定在下压膜槽上,在棚头处折叠10cm左右,下边埋入土中10cm,再从棚顶扣上大棚顶膜(注意正反面),将大棚顶膜头部固定于棚头压膜槽,一头拉紧,用绳固定在棚门上,由固定的一端,固定于棚头压膜槽上,横向拉紧对齐固定棚膜于上压膜槽;用压膜卡固定棚膜的下边于摇膜杆上,上好压膜绳。

(六)摇膜设施使用

在棚膜的两端沿棚头拱管内侧10cm处从底边裁至上压膜槽,然后在棚头拱管向内在上下压膜槽间垫一层1m左右长薄膜,上下用压膜槽固定,棚头拱杆处连棚头膜用压膜卡固定在棚头拱杆上。通风口大小由摇膜高低来控制。

第三节　塑料大棚的覆盖材料

一、农膜

农膜按其制成的原料来分，有聚乙烯（PE）膜、聚氯乙烯（PVC）膜、乙烯—醋酸乙烯（EVA）膜等。其中，以乙烯—醋酸乙烯膜性能最好，而聚氯乙烯膜最差。按其性能分有普通膜、防老化膜、无滴膜、双防膜、多功能转光膜、多功能膜、高保温膜等。

（一）棚膜

棚膜是大棚栽培中的重要覆盖材料。大棚膜规格：一般厚7～10μm，幅宽 6～10m。

对棚膜的要求：①透光率高；②保温性强；③抗张力、伸长率好，可塑性强；④抗老化、抗污染力强；⑤防水滴、防尘。价格合理，使用方便，能降低生产成本。

宁波地区冬春多阴雨、低温、寡照天气，宜选用多功能转光膜或多功能无滴长寿膜。现阶段最好的棚膜是 EVA 农膜，此膜以乙烯-醋酸乙烯为原料，在添加防雾剂后具较好的流滴性和较长的无滴持效性。其优点有：①保温性好。据浙江省农业厅测定，EVA 农膜夜间温度比多功能膜高 1.4～1.8℃。②无滴性强。由于 EVA 树酯的结晶度较低，具有一定的极性，能增加膜内无滴剂的极容性和减缓迁移速率，有助于改善薄膜表面的无滴性和延长无滴持效性。③透光率高。据测试：EVA 新膜透光率为 84.1%～89%，覆盖 7 个月后仍有 67.7%，普通膜则由 82.3%降至 50.2%，多功能膜降至 55%。EVA 农膜的高透光率还表现在增温速度快，有利于大棚作物的光合作用和果实着色。④强度高，抗老化能力强。新膜韧性、强度高于多功能膜，一般可用二年。EVA 农膜覆盖同普通多功能膜相比，作物表现为缓苗快，植株生长健壮，生育期提前

5～7d，产量高，果实着色好，商品率提高。

（二）地膜

国产地膜都是用聚乙烯树脂生产的。主要有普通地膜和微薄地膜两种。普通地膜厚度0.012～0.016mm，使用期一般4个月以上，保温增温、保湿性较好。微薄地膜厚度为0.006～0.008mm，为普通地膜的一半左右，质轻，可降低生产成本。按颜色分有黑色、银灰色、白色、绿色地膜，以及黑与白、黑与银白的双色地膜。

地膜可以提高地温，抑制杂草，抑制晚间土壤辐射降温，保持土壤湿度，改善作物底层光照，避免雨水对土壤的冲刷，使土壤中肥料加速分解并避免淋失，有利土壤理化性状改善，促进肥料的利用。

二、无纺布

无纺布又称不织布，为一种涤纶长丝，不经织纺的布状物。具有透水透气、抗撕裂、防虫蛀食、轻便柔软、耐用、不黏、不变形、质量稳定、可以清洗、燃烧时亦不产生有害气体，对环境无污染，好保管等优点。除保温外还常作遮阳网用，可起到保温、防霜防冻、降湿防病、调节光照、遮阴降温、防风、防暴雨、防冰雹及虫害等作用。

（一）无纺布的规格

常用规格50g/m^2，厚度有0.1～0.17mm近10种规格，颜色有黑色、白色两种，幅宽0.5～2.0m不等，遮光率为50%～90%，使用时可根据需要选择。

（二）使用注意事项

(1)无纺布用作大棚内层，夜间要封严密，以提高保温效果，白天升温后拉开，下午降温时盖严，既能保温，又可降低湿度。

(2)支撑无纺布的棚架要光滑无刺,以免损坏。拉盖时要轻拉轻放,以延长使用寿命。

(3)用过以后要去除泥土卷好放在阴凉处保管,防止高温、日晒、雨淋使其老化变质。

三、遮阳网

用塑料丝按一定规格编织而成的网状覆盖物,塑料丝编织得越密,遮光率越高,反之,编织得越稀,遮光率越低。现在我国已能生产遮光率在25%～75%范围内的系列产品。遮阳网按其色泽可分为黑色和银灰色两种。黑色遮阳网遮光效果比银灰色的好,银灰色遮阳网有趋避蚜虫、防止病毒病的作用。

(一)遮阳网的作用

1.遮强光、降高温

据各地试验,夏季覆盖遮阳网,地表温度可降低3～5℃,最多可降低12℃。利用遮阳网覆盖能有效地防止高温、强光、干旱、暴雨、台风及病虫为害,保证稳产、高产。

2.防暴雨、抗雹灾

据测算,只覆盖遮阳网的大棚,能使暴雨对地面的冲击力减弱到1/50,棚内降雨量减少13.29%～22.83%。

3.减少蒸发,保墒抗旱

据测试,遮阳网浮面覆盖或是棚架封闭式覆盖,土壤水分蒸发量比露地减少60%以上,浇水量可减少16.2%～22.2%。

4.保温抗寒防霜冻

据试验,冬春季夜间覆盖遮阳网,棚温可比露地提高1～2.8℃,一般只在网上结霜,遇严重霜冻时,可以延缓冻融过程,减轻冻害,防止组织脱水坏死。

5.避虫害、防病害

据试验,利用银灰色遮阳网覆盖避蚜虫效果可达88%～100%,

对病毒病的防效高达95.5%～98.9%。夏季高温季节，用黑色遮阳网覆盖防日灼病效果100%，并能抑制多种病害的发生与蔓延。

（二）使用注意事项

1. 合理选用适宜的遮阳网

夏季覆盖栽培应根据当地的自然光照强度，覆盖作物的光饱和点以及覆盖栽培管理方法，选用适宜遮光率的遮阳网，以满足作物正常生长发育对光照的要求。宁波地区夏季晴热、光照极强，多选用遮光率55%～65%的遮阳网。

2. 加强管理，做到及时揭盖

夏季晴天盖、阴天揭；大雨盖、小雨揭；晴天白天盖、晚上揭；出苗期全天候盖，出苗后揭二头盖中间。

3. 及时追肥

遮阳网覆盖后，作物生长迅速，易使幼苗形成高脚苗，应注意及时除去遮阳网并要注意及时追肥。遮阳网覆盖有保湿作用，浇水可适当减少。

四、防虫网

防虫网是一种新型覆盖材料，采用尼龙纤维编织而成，形似窗纱，密度一般为20～30目。防虫网覆盖栽培在发达国家和地区，如日本、我国台湾等地早已广为应用，达到了省工、省药、安全的目的。防虫网的使用方法：一是直接覆盖在大棚或小棚上，全生育期全天候覆盖。二是棚顶盖天膜，防虫网作围裙，四周密闭。

使用防虫网的技术关键是：

（1）覆盖前一定要进行化学除草和土壤消毒，杀死残留在土壤中的病菌和害虫，切断其传播途径。

（2）实行全生育期密封覆盖，要下足基肥，基肥以有机肥为主。生长期间一般不再追肥，采用滴灌则效果更好。

（3）防虫网周边一定要封严。要经常检查是否有破损孔洞，以防害虫潜入。

五、草帘

用稻草、蒲草等编织的草帘，具有保温效果明显、取材容易、价格低廉等优点。草帘多用于较寒冷的季节或强寒潮天气，覆盖在大棚内小棚膜上面或围盖在裙膜上。使用草帘，一定要加强揭盖管理，当天气转暖，或有太阳时及时揭去草帘。冬季草帘多在夜晚使用，白天一般都要揭帘，以增加棚内光照。

六、聚乙烯高发泡软片

聚乙烯高发泡软片是白色多气泡的塑料软片，宽 1m，厚 0.4～0.5cm，质轻能卷起，保温性与草被相近。

第四节　塑料大棚的环境特点和调控

一、大棚环境特点

1. 温度

(1)气温：塑料大棚内的气温变化是随外界的日温及季节气温变化而改变，其变化的规律和露地基本相同，但存在明显的季节差、日夜差和位置差，日夜温差较大。

季节差：冬末初春随着露地温度回升，大棚内气温也逐渐升高，到 3 月中下旬棚内平均气温可以达到 18℃以上，最高气温可达 30～38℃，比露地高 5～15℃，最低气温 7～15℃，比露地高 5～8℃。4 月中旬到 4 月下旬，棚内平均温度在 20℃以上，最高可达 45℃左右，内外温差达 6～20℃，如不及时通风，棚内极易产生高温危害，5～7 月外界气温高，大棚通风降温为常态。9 月中旬到 10 月中旬温度有所下降，棚内日温在 35℃以上，夜间 20℃左右；10 月下旬到 11 月上中旬棚内最高温度在 25～30℃，夜温降至

10～20℃。11 月中下旬后温度下降加快，到 1 月中下旬棚内气温最低，2 月上旬至 3 月中下旬棚内气温逐渐回升，2 月下旬以后，棚温回升日趋显著。

日夜差：大棚内气温在一昼夜中的变化比外界气温剧烈。大棚内昼夜温差依天气状况而异。晴天时，太阳出来后，大棚内温度迅速上升，一般每小时可上升 5～8℃，下午 1 时至 2 时温度达到最高。以后逐渐下降，日落到黎明前大约每小时降低 1℃，黎明前达到最低。夜间的温度通常比外界高 3～6℃。阴天棚内温度变化较为缓慢，增温幅度也较小，仅 2℃左右。

位置差：大棚内的气温无论在水平分布还是在垂直分布上都不均匀，并与天气状况、棚体大小有关。在水平分布上，南北向大棚的中部气温较高，东西近棚边处较低。在垂直分布上，白天近棚顶处温度最高，中下部较低；夜间则相反，晴天上下部温差大，阴雨天则小，中午上下部温差大，清晨和夜间则小；冬季气温低时上下温差大，春季气温高时则小。大棚棚体越大，空气容量也越大，棚内温度比较均匀，且变化幅度较小，但棚温升高不快；棚体小则相反。

大棚温度的昼夜温差，与大棚的容积及季节也有密切关系。大棚的容积大，白天温度升得快，夜间温度降得也快，昼夜温差小；大棚的容积小，则昼夜温差较大。

(2)地温：塑料大棚不仅能提高气温，也能提高土壤温度。但是地温的变化同样具有季节差，日夜差，并因土层深度位置的不同及天气状况的不同，变化幅度也不一样。

季节差：春分节气前后，大棚内土壤温度一般维持在 13～23℃，夜间土温偏低。清明至谷雨时节，土壤增温显著，一般棚内外土温相差 3～8℃，最高可达 10℃以上。6～9 月，棚内 10cm 土温可达 30℃以上。随着季节的变化，外界气温及地温迅速升高，但由于大棚通风，棚内外地温差距逐渐缩小，或与露地地温相同。10 月，土壤增温效果减少，但仍可维持 15℃的地温。11 月下旬至

1～2 月，棚内地温仍高于露地。

大棚内土壤温度的变化以白天及晴天变化较大，夜间及阴天比较平稳。大棚内土温的日温差随着土层深度而变化，其中，以表土层变化最大，土层越深变化越小，且这种变化又与天气状况及季节密切相关：晴天变化大，阴雨天变化小；秋冬季地表土温较低，土层越深温度越高；春夏季则相反。土温的变化受气温影响，变化趋势与气温相同，但上升和下降较气温缓慢。白天最高土温出现时间比最高气温出现时间约晚 2h，夜间最低土温出现的时间比最低气温出现时间晚 2h 左右。

大棚内的同一土层中，随着露地气温的增高，棚内外的土温差会因加大通风量而逐渐变小。据测定，5cm 处的日平均土温 4 月和 5 月棚内外相差 6.6℃和 3.8℃；10cm 处，4 月份和 5 月份分别相差 6.6℃和 3.4℃；15cm 处，分别相差 6.8℃和 4.5℃；20cm 处，分别相差 6.6℃和 3.8℃。因此，可以通过通风来调节大棚内的土温。

2. 光照

塑料大棚内的光照弱，即使选用透光性能较好的塑料薄膜，其透光率也只有 90%，一般薄膜只有 80%～85%，较差的仅为 70%左右。薄膜透过紫外线及红外线的能力比玻璃强。但薄膜易老化变质，被尘泥污染的旧膜透光率常低于 40%以下。同时因膜面容易凝聚水滴，由于水滴的漫射作用，可使棚内光照减少 10%～20%。但如能采用无滴膜和转光膜则棚内光照条件会显著改善。此外，建棚材料有一定的遮阳面，也对棚内光照产生一定的影响。钢管大棚的透光率比露地减少 28%，竹木大棚比露地减少 37.5%。棚架材料越宽大，棚顶结构越复杂，遮阳的面积越大。大棚的跨度越大，棚架越高，棚内光照越弱。由于多方面的影响，大棚内光照的利用率只有自然环境的 40%～60%。

3. 湿度

(1)空气湿度：由于塑料薄膜不透气，封闭性强，棚内空气与外界交换受到阻碍，土壤蒸发和叶面蒸腾的水汽难以发散，因此，棚内湿度大。不通风时，棚内相对湿度可达 80%～100%，一般比露地的相对湿度高 15%～20%。相对湿度与棚温有密切关系，棚内空气相对湿度随着气温升高而降低。大约棚温升高 1℃，相对湿度下降 3%～5%。白天棚温高，则相对湿度较小。夜间棚温低，棚内湿空气遇冷后会凝结成水膜或水滴，附着于薄膜内表面或植株体上，相对湿度增大，甚至达饱和状态。

（2）土壤湿度：土壤湿度直接受空气湿度影响，当空气湿度大时，土壤蒸发量小，土壤湿度也较大；反之，空气湿度小时，土壤蒸发量大，土壤湿度也小。

大棚内土壤湿度另一个特点是分布不均匀。靠近棚架两侧的土壤，棚外水分渗透较多，加上棚膜上水滴的流淌，湿度较大。棚中部则比较干燥。

4. 棚内空气成分

大多数作物在光强为 5 000lx 的条件下，二氧化碳的饱和点为 800～1 200mg/kg，但塑料大棚由于有薄膜紧密覆盖，处于密闭或通风状态，大棚内空气流动和交换受到限制，二氧化碳的含量的变化剧烈。冬季天气寒冷，作物光合作用较低，棚内的二氧化碳含量就高于温暖的季节。同样道理，阴天高于晴天。在一天中，夜间光合作用停止，是二氧化碳的累积过程，到黎明揭苫前，由于作物呼吸和土壤释放，棚内二氧化碳浓度比棚外大气中要高出 2～3 倍。通常会达到 700～1 000mg/kg。上午 8 时以后，随着叶片光合作用的增强，二氧化碳浓度逐渐降低，在密不透风的情况下，上午 9 时达 300mg/kg 左右，11 时降至 200mg/kg 以下，特别是在棚内哈密瓜蔓叶茂盛时，这种变化更为激烈，有时甚至会导致出现光合作用“午休”的现象，从而限制了作物对光能的利用，恶化了光合作用的进程。二氧化碳到下午 2～4 时才会开始回升。

塑料大棚内的空气成分，除二氧化碳不足外，还由于经常密闭保温，通风不良，及因施用化肥等原因导致氨气、二氧化氮、一氧化碳、乙烯等过量积累。或因使用未经腐熟厩肥作基肥且用量过大、碳铵作追肥，尿素、硫铵等氮肥用量过大等很容易积累有毒气体，造成为害。氨气的为害在追肥后几天即会发生，亚硝酸气体为害一般在施肥后一周发生。当大棚内氨气含量达到 5mg/kg、亚硝酸气体浓度达 2mg/kg 时即可造成对哈密瓜的危害。氨气主要为害绿叶，使组织逐渐变褐色甚至枯死。亚硝酸气体主要为害叶脉，使其漂白致死。

5. 盐渍化和土壤溶液浓度偏高

大棚栽培中普遍存在的一个问题，是土壤盐渍化和土壤溶液浓度偏高。盐渍化和土壤溶液浓度偏高通常是由下列原因引起：

(1)缺少自然降水的淋洗条件：大棚哈密瓜生长期间，缺少自然降水的淋洗条件，剩余盐类不能被淋溶，而且经土壤毛细管作用，把较深层的盐类带到土壤表层，造成土壤耕作层盐类积聚。

(2)超量施肥与肥料的成分的影响：在大棚哈密瓜栽培中普遍存在超量施肥问题，有的施肥量超过理论值的 3～5 倍，这种情况容易引起土壤溶液浓度过高。肥料的成分及质量对土壤溶液浓度的增高影响极大。氯化钾、硝酸钾、硫酸铵等肥料，易溶于水，且不易被土壤吸附，极易使土壤溶液浓度升高；硫酸铵、硫酸钾等肥料的酸根离子不能被哈密瓜吸收利用，如缺乏淋洗条件，会长期保留在耕作层内，使土壤溶液浓度升高；过磷酸钙、磷酸铵、磷酸钾等不易溶于水，但易被土壤吸附，土壤溶液浓度不易升高。

(3)灌水量：灌水量对土壤盐渍化和土壤溶液浓度有直接影响。灌水量大，盐渍化和土壤溶液浓度低，反之，则盐渍化程度和土壤溶液浓度高。

(4)土壤类型：土壤类型对土壤溶液浓度偏高有重要影响。沙质土壤，缓冲能力低，土壤溶液浓度易升高；黏质肥沃的壤土，缓冲能力强，土壤溶液浓度升高慢。大棚温度较高，水从下向上运动容易将土壤中所含盐类带至地表，促使土壤溶液浓度过高，

(5)大棚使用年限：土壤溶液浓度偏高与大棚使用年限有关，

使用年限越长，土壤溶液浓度越高。

哈密瓜受土壤盐渍化和土壤溶液浓度过高危害时，一般叶色浓绿，常有蜡质，有闪光感，严重时叶色变褐，下部叶反卷或下垂；根短量少，头齐钝，变锈褐色；出苗差，植株矮小，新叶小，生长慢，严重时中午凋萎，早晨和傍晚恢复，几经反复枯死。

由于大棚长期覆盖，缺少雨水淋洗，盐分随地下水分由下而上移动，容易引起耕作层土壤盐分过量积累，造成盐渍化。长期使用含氨离子或硫酸根离子的肥料，也会导致盐渍化。

二、大棚环境调控

1. 光照

大棚内的光照除受自然界光照影响外，与大棚的覆盖材料和管理技术也有密切的关系。

不同塑料薄膜的透光率不同，新膜与旧膜透光率也不一样，若以露地光照为 100%，透明、无污染的新膜透光率约为 90%，覆盖一段时间后，灰尘和水滴会使薄膜透光率降低，无滴膜透光率一般在 80%～90%，普通膜会降至 45%～55%。因此，在生产上应尽量选择透光率高、保温性强、抗张力和伸长率好、抗老化、防水滴、防尘的 EVA 新膜，并经常保持清洁。

为保证棚内光照条件良好，在棚外温度允许的情况下，棚上加盖的草苫子尽量早揭晚盖，延长受光时间；棚内哈密瓜应合理密植，及时整枝打杈、打顶。立架栽培，使架顶叶片与棚顶薄膜保持 30～40cm 的距离，防止行间、顶部和侧面郁闭，使顶部和两侧光线能畅通无阻地进入大棚。哈密瓜生长后期，还应及时打掉下部老叶、病叶，以利通风透光。

2. 温度

根据塑料大棚的特点和哈密瓜生长发育的规律，在哈密瓜定植后主要应以覆盖保温、提高土温、促进发根，加速营养生长为管理目标。在刚定植后的 3～7d 内，应密闭大棚和大棚内的小拱棚，不要通风换气，以提高土温，促进发根，促进缓苗。

缓苗后可酌情开始通风，以调节棚内温度。一般白天温度以不高于 35℃，夜间不低于 15℃为宜，以后随着天气变暖，逐渐增加通风量。大棚内的温度主要通过通风换气即通过小拱棚揭、盖早迟，以及大棚南边开门早迟来调节。外界气温低时，为减少热量损失，提高气温和地温，大棚膜要盖严并加盖小棚草帘、无纺布、遮阳网等多层覆盖物，早上迟揭，傍晚早盖来提高棚温。4 月初到 4 月中旬，大棚哈密瓜进入盛花期，应保持光照充足和较高夜温，否则会影响人工授粉效果，夜间温度低容易落果，不利果实膨大。

哈密瓜开始采收后，气温逐渐升高，需加强通风降温。除大棚南北两头通风外，还需大棚两侧割洞通风或者把裙膜揭起通风，以利降温，白天温度控制在 40℃以下。割洞（一般用 45W 的电烙铁加热割孔）的位置一般离地高 50cm，洞口直径 50cm 大小，每隔 2 根拱杆开一个孔；当棚内温度超过 40℃以上时，大棚两侧要割膜开窗通风或采用遮阳材料减少大棚的采光量，防止气温过高；如气温降低，可用透明胶将洞口补上，提高夜间温度，以利哈密瓜膨大。

3. 湿度

棚内湿度可通过浇水、通风换气、覆盖地膜和调温等措施来进行调节。

（1）灌（浇）水量大、次数多，湿度增大，早春大棚哈密瓜阴雨天或灌水后，棚内相对湿度可达 90%以上，夜间可达 100%。因此，一般不浇水。

（2）通风换气可降低空气湿度，而且方法简便，一般通风宜在中午气温高时进行，并在每次浇水后都应加大通风量，将棚内湿气排出，降低棚内湿度。

（3）采用地膜覆盖，可减少水分蒸发，明显降低空气湿度。

（4）调温对湿度的影响十分明显，棚温升高，空气湿度降低；棚温降低，则空气湿度升高。因此，进行棚内加温，可降低棚内相对湿度，如棚内温度为 20℃时，相对湿度为 70%，当棚温升至 30℃，相对湿度可降至40%。

据瓜农经验：适宜的棚内湿度白天以50%～60%，夜间80%～90%为宜。湿度过大易使哈密瓜发生病害。

宁波市鄞州区农科所在哈密瓜栽培中已总结出一套湿度调节的成功经验，他们的做法是：

(1)看天：晴暖白天通过适当晚关棚或在沟行间铺草来降低土面蒸发；阴雨天则通过关闭大棚，减少灌水次数来降低棚内湿度。

(2)看地：哈密瓜定植缓苗后，如地不干，一般不用浇水，若过干时，采用膜下滴灌浇一次小水；果实膨大期结合追肥浇水，推行黑色软滴管滴灌，既省工、节水、高效，又不会导致棚内湿度过大。

4.防止盐渍化

根据前述造成土壤盐渍化的原因，应采取相应措施进行预防，如注意适当深耕，施用有机肥，避免长期使用含铵离子或硫酸根离子的肥料。追肥宜淡，并最好进行测土施肥等。同时，要力求做到每年有一定时间不盖膜，或者在夏天只盖透水性好的遮阳网进行遮阳栽培，使土壤得到雨水的淋洗。土壤盐渍化严重时，可采用灌水排盐，效果很好。

第四章　南方哈密瓜的品种

第一节　南方哈密瓜的优质标准

南方哈密瓜的优质标准有两条，一是品质好，二是无公害。

一、品质

南方哈密瓜的品质好坏，主要从食用性、商品性、贮运性、成熟度4个方面来进行综合评价。

（一）食用性

南方哈密瓜的瓜瓤含水量、含糖量、纤维含量、风味等是评价南方哈密瓜是否优质的重要标准之一。优质南方哈密瓜的果实中心可溶性固形物含糖量一般要求在15%以上，中糖、边糖梯度要小，种子数量要少，果肉色泽均匀，纤维少，可食率高。

（二）商品性

南方哈密瓜的商品性是指果实的感官要求，优质南方哈密瓜应符合中华人民共和国哈密瓜行业标准。

（1）瓜形端正：果实没有不正常的明显凹陷或突起，以及外形明显偏缺。有严重偏缺，失去正常形态的瓜为畸形瓜。

（2）果实发育正常、完整：无碰压伤、刺、划、磨伤、裂缝、病虫斑；洁净：瓜面无泥土、虫体、腐斑、严重的灰尘等影响外观或有碍卫生的污物、化学残留物。

(3)果实成熟,果实的发育已接近或达到该品种各项特征;具有本品种正常的糖度、色泽、质地、风味,适合人类食用。

(4)无霉变、腐烂、异味、病虫害。

(5)允许度在许可范围:每一包装件的瓜,如不符合等级规定的品质指标,对不合格部分允许有一定的容许度,它的测定是抽捡每一个包装件后,按抽查数综合计算的平均数,以果实的重量加以确定。

以上如有一条不合格者即为不合格。

此外,还要求在上市的南方哈密瓜中不得有杂瓜出现,瓜形大小均匀,无畸形瓜、裂果、日晒果和病果等。

(三)贮运性

贮运性是指南方哈密瓜耐贮藏和运输的能力。南方哈密瓜的商品生产多为大面积栽培,一般均需长途运销,因此,要求果实外皮坚硬,在运输过程中不易破损。

(四)成熟度

商品瓜的成熟度要适当,采收充分成熟的南方哈密瓜在运输过程中容易引起组织败坏,不堪食用。故南方哈密瓜采收应根据南方哈密瓜销售地点的远近确定其采收的成熟程度,如在采收后一两天到达销售地点的可摘充分成熟的瓜,而远途运输的则应采摘八九成熟的瓜,使其在运输途中继续成熟。需要长途运输的商品瓜不能用激素处理催熟。

二、无公害、安全卫生

优质的南方哈密瓜必须符合无公害食品的卫生标准要求(表4-1)。

表 4-1　无公害食品南方哈密瓜的卫生标准

序　　号	有害物质名称		指标(mg/kg)
1	乐果	≤	1.0
2	辛硫磷	≤	0.05
3	抗蚜威	≤	1.0
4	氰戊菊酯	≤	0.2
5	溴氰菊酯	≤	0.2
6	百菌清	≤	1.0
7	多菌灵	≤	0.5
8	砷(As)	≤	0.5
9	氟(F)	≤	0.5
10	亚硝酸盐和硝酸盐	≤	4.0

注 1:出口产品按进口国的要求检测。

注 2:根据《中华人民共和国农药管理条例》,剧毒和高毒农药不得在南方哈密瓜生产中使用。不得检出。

注 3:南方哈密瓜生产者在其南方哈密瓜被检测时,应向有关的检测部门自报农药使用种类。拒报、瞒报、谎报,其产品应被视为不合格产品。

要达到上述安全、卫生的要求,先决条件是南方哈密瓜的生产环境条件必须符合无公害的质量标准要求,在生产过程中严格执行有关部门颁布的南方哈密瓜安全生产操作规程。

(一)产地环境要符合无公害的质量标准要求

南方哈密瓜生产基地应选择生态环境良好,周围无工矿企业、医院、垃圾场、交通要道等污染源的农业生产区域种植,空气质量、灌溉水质量、土壤环境质量等方面均应符合国家和地方标准规定的要求。

1.产地环境空气质量

无公害南方哈密瓜产地环境空气质量应符合表4-2的规定。

表4-2 环境空气质量要求

项目		浓度限值	
		(日)平均	(小时)平均
二氧化硫(标准状态)(mg/m^3)	≤	0.15	0.50
氟化物(标准状态)(mg/m^3)	≤	7	20

注:日平均指任何1日的平均浓度;每小时平均指任何1h的平均浓度。

2.产地灌溉水质量

无公害南方哈密瓜产地灌溉水质量应符合表4-3规定。

表4-3 灌溉水质量要求

项目		浓度限值
pH值		5.5~8.5
总汞(mg/kg)	≤	0.001
总镉(mg/kg)	≤	0.005
总砷(mg/kg)	≤	0.1
总铅(mg/kg)	≤	0.1
铬(六价)(mg/L)	≤	0.1
石油类(mg/L)	≤	10
挥发酚(mg/L)	≤	1.0

3.产地土壤环境质量

无公害南方哈密瓜产地土壤环境质量应符合表4-4的规定。

表 4-4 土壤环境质量要求

项目		含量限值		
		pH 值≤6.5	pH 值 6.5～7.5	pH 值>7.5
总镉(mg/kg)	≤	0.30	0.30	0.60
总汞(mg/kg)	≤	0.30	0.50	1.0
总砷(mg/kg)	≤	40	30	25
总铅(mg/kg)	≤	250	300	350
总铬(mg/kg)	≤	150	200	250

注：本表所列含量限值适用于阳离子交换量>0.05cmol/kg 的土壤，若≤0.05cmol/kg，其含量限值为表内数值的半数。

符合上述无公害环境条件要求的生产区域生产出来的南方哈密瓜才能算是优质南方哈密瓜。

（二）生产过程必须符合南方哈密瓜安全卫生操作规程要求

南方哈密瓜生产的安全卫生操作规程是确保产品安全卫生的生产准则，只有严格执行了“操作规程”生产出来的南方哈密瓜才能使有毒有害物质（指重金属、农药、兽药、渔药、激素、亚硝酸盐等）含量控制在允许的范围内。

化肥和农药在南方哈密瓜的生产过程中既是南方哈密瓜生长质量控制的关键环节，也是影响南方哈密瓜产品安全卫生的重要因素，不合理使用化肥和农药，不仅会污染环境，而且会使南方哈密瓜中硝酸盐（亚硝酸盐）含量和农药残留量偏高，造成食用者急性中毒，危害人体健康，甚至威胁生命。为此，南方哈密瓜的安全卫生操作规程对南方哈密瓜生产中常用化肥和农药的品种、使用方法、安全使用间隔期以及允许的残留量等作出了明确规定，并列出了常用农药的剂型、施药剂量和施药方法；明确规定了南方哈密瓜生产过程中对病、虫、草、鼠、螺等有害生物必须贯彻执行“预防为主，综合防治”的原则；全面禁用对人体健康有严重危害的高毒性、高残留的有机农药；严禁在南方哈密瓜生长期使用各种化学除草剂。

为了便于检测评估，南方哈密瓜的安全卫生操作规程还对安全卫生优质南方哈密瓜的技术要求、检验方法、检验规则和包装材料要求等作了规定；对“砷”、“汞”、“铅”和“亚硝酸盐”等重金属和农药残留量的含量分别作了规定。

只有严格执行南方哈密瓜生产的安全卫生操作规程生产出来的南方哈密瓜才能达到无公害要求，才能算优质。

第二节　南方哈密瓜品种选择的原则

品种是栽培的基础，南方哈密瓜必须选择适合南方气候条件栽培的品种，要求耐湿、抗病、耐低温弱光的大棚栽培环境。综合考虑“天时、地利、人和”。“天时，地利”是指当地的气候条件、土壤环境条件应符合品种的固有特性要求，就“天时”而言，如在一般降水量较少、空气湿度小、日照充足、15℃以上的活动积温量3 000℃以上的地区，大多数哈密瓜品种都适种。而在阴雨多湿、日照不够充足的地区或大棚栽培时，则应选择耐湿性较强的品种为好。活动积温在2 000～3 000℃的地区，可选择生育期短的早熟或中早熟品种。所谓“地利”是指土壤环境条件，如土质疏松土温上升快的斜坡向阳地，应选果形较小的早、中熟品种，生育快，早熟特性可得到充分发挥，但因其保肥保水性差，不适合丰产栽培；水田黏土，宜选中早熟品种；丘陵坡地因结果期天气晴热，又缺少灌溉条件，应选早熟、皮色浅的品种为宜，以减轻干旱的影响和日烧病的危害。所谓“人和”，是指所选品种要符合广大消费者的需要，应当着重注意南方哈密瓜的品质、品种的抗病性、品种对当地环境的适应性。

新发展南方哈密瓜生产的地区，农户选择品种时，还应从以下几方面考虑：①栽培方式与营销方向。如进行覆盖和早熟栽培，应选早熟品种；丰产栽培，宜选果形较大的中熟品种；延期供应的，宜选择中晚熟品种；远销外地的，应选择耐贮运品种。②栽培条件和技术水平。在施肥水平高的地区，宜选择耐肥品种；在肥源缺少地区，应选择省肥品种。在技术水平高、劳力充足的地区，可选早熟品种，并延长结果期以争取丰收；在技术水平低、劳力紧张的地区，以中熟品种粗放栽培为宜。

第三节　南方哈密瓜的主要优良品种

南方哈密瓜是我国以吴明珠院士为首的西瓜、甜瓜育种专家针对南方气候特点，采用远生态育种法经多代杂交、回交等手段获取的相对抗病、耐湿的新型哈密瓜品种，其耐湿、抗病性介于起源地的哈密瓜与南方薄皮甜瓜之间，在浙江、江苏等南方省区必须在设施条件下栽培。由于育种材料来源不同、育种方法手段各异，十多年间陆续推出的南方哈密瓜品种繁多，但品种间性状差异极大，总体表现：品质优异的品种不抗病、易裂果、贮运性差，而抗病性强的品种品质风味又不过关。

南方哈密瓜可根据形状、颜色、网纹有无等进行多种分类。按果实表皮光滑程度划分，可分为果皮光滑的光皮品种、具有细密网纹的网纹品种和具有较稀网纹的稀网品种。按照果实成熟的颜色可分为白皮品种、黄皮品种、绿皮品种等。按果肉质地性质可分为脆肉品种、酥脆品种和软肉品种。大多数南方哈密瓜品种为酥脆型和脆肉品种，少数品种为软肉品种。果肉颜色为橙果肉、淡橙果肉、橘红色果肉等。按果实的外形可分为圆形、高圆形、长圆形、椭圆形品种。

浙江宁波地区目前推广的主要品种有以下几个。

一、红妃

中早熟品种，长势较强，春季栽培果实发育期 40～45d，秋季 39～41d；果实椭圆形，成熟时果皮乳白色，偶覆细疏网纹，果肉橘红色，肉质脆爽，中心折光糖 15～17 度。肉厚 3.5cm，单瓜质量 1.5～2.0kg。

适合保护地保温栽培，爬地栽培双蔓整枝。春季 12 月底至翌年 2 月上旬播种，苗期及开花坐果期强化增温保温，以避免低温造成雌花发育不良而形成脐部突出等畸形；秋季 7 月中旬至 8 月中下旬播种。棚内须保持空气、土壤的干燥，防止裂果和蔓枯病的发生。爬地栽培 550 株/亩，立架栽培 1 500株/亩。

二、黄皮 9818

中熟品种，喜高温长日照，植株生长势强，抗逆、抗病性较强，全生育期 110～120d，果实发育期 50d 左右；果实橄榄形，单果重 0.8～1.5kg。黄皮，具粗稀网纹，果肉橘红色，肉质脆沙，有清香，肉厚 2.7～3.8cm，平均 3.2cm。果实中心含糖量 13.2%～14.9%，耐贮运。适宜于秋季延后栽培。

该品种在宁海县大面积种植，存在的主要问题是：单果小、果肉略硬、成熟期长。优点是贮运性好，适宜大面积种植后的长途运输与远销。

三、东方蜜一号

中早熟品种，植株长势较强，春季栽培全生育期 110d，夏秋季栽培 85d。果实发育期 40～45d，坐果整齐一致，果实椭圆形，果皮白色略带细纹，平均单果重 1.5kg；果肉橙色，肉厚 3.5～4cm，肉质细腻多汁，松脆爽口，中心糖 16 度，品质优异。

适宜保护地栽培。春季栽培，12 月下旬至翌年 2 月上旬播种育苗，夏秋季栽培，7 月下旬至 8 月中下旬播种，爬地栽培密度为 500～

550 株/亩，立架栽培为 1 500株/亩。应严格控制浇水及调节大棚湿度，减少裂果与病害发生。

四、雪里红

早熟品种，高品质哈密瓜，果实发育 30d，植株长势稳健，易坐果，单瓜质量 2～3kg，果实圆形，果皮白色，外型美观，晶莹剔透，洁白如玉，果肉橘红，肉色鲜美，含糖 15 度以上，最高达 18 度，肉质松脆、水分足、糖度高、甘甜可口，口感好。是当前更新换代的首选品种，适宜用于保护地早春栽培。

五、甬甜 5 号

该品种植株长势较强，叶片心形、近全缘，长、宽分别为 23cm 和 25cm 左右，叶柄长 24cm 左右，平均节间长约 9cm；单蔓整枝条件下子蔓结果，适宜的坐瓜节位为第 12～15 节的子蔓。果实椭圆形，果形指数约 1.5，果皮乳白色，果面有隐形棱沟、微皱，平均单果质量 1.8kg；果肉厚 3.9cm 左右，果肉橙色，实测中心可溶性固形物含量(折光率)14.8%；高肥力条件下成熟果具稀细网纹。春季大棚栽培果实发育期 36～40d，全生育期 100d 左右，秋季果实发育期 35～38d，全生育期 94～96d，分别较对照早 4d 和 6d。对蔓枯病的抗性优于对照。

六、甬甜 7 号

以高代自交系 YW06－1 为母本，以 YW10－3 为父本杂交选育而成的脆肉型南方哈密瓜一代杂种。果实椭圆形，平均单果质量约 1.8kg；果皮米白色，布细密网纹；果肉浅橙色，中心折光糖度一般在 15%以上，口感松脆、细腻；春季果实发育期 40d 左右，全生育期 100～110d；夏秋季果实发育期 38d 左右，全生育期 80d 左右。田间调查表明较抗蔓枯病，一般产量 1 080～2 400kg/亩，适宜华东地区春季和秋季设施栽培。

七、"东之星"(M－2026)

脆肉类型,长势较旺。果实发育期 45d,大果,果实椭圆形,脐小,不易裂果,容易栽培。单果质量 1.5～2.5kg。果皮白色,细腻光滑。果肉橘红色,肉质爽脆,中心含糖量 16 度左右,品质优异,商品性好。

适合保护地栽培。春季 12 月下旬至翌年 2 月上旬播种,爬地栽培 500 株/亩左右,立架栽培 1 500株/亩。

八、红酥手二号

网纹型哈密瓜,中熟品种,长势强旺。果实短椭圆形,成熟时果皮灰绿色,网纹细密稳定;果肉橙色,肉质松脆爽口,中心糖度 17 度,品质好。大果型,单果质量 2～3kg。开花至成熟 45d。

保护地栽培,春季 12 月下旬至翌年 2 月上旬播种,秋季 7 月下旬至 8 月上旬播种。以立架栽培为主,单蔓整枝密度为 1500 株/亩。

九、红酥手三号

网纹型哈密瓜,中熟品种,长势稳健,抗病性强,叶片较小,叶柄短而直立。果实椭圆形,成熟时果皮墨绿色,网纹细密稳定;果肉橙色,肉质脆爽,中心糖度 16 度,品质好,单果质量 3kg 左右,丰产性好,耐贮运。开花至成熟 45d。

保护地栽培,春季 12 月下旬至翌年 2 月上旬播种,秋季 7 月下旬至 8 月上旬播种,立架栽培密度为 1 500株/亩。

十、长香玉

网纹型哈密瓜,中熟品种,长势强健,抗病性强,尤其较抗枯萎病。果实长椭圆形,皮色灰绿,网纹细密稳定,单果质量 2.5kg,果肉橙红色,糖度约 16 度,肉质细,带香味。开花至成熟 46d。

保护地栽培,以立架栽培为主,单蔓整枝,需肥量较高,底肥需保证每亩施有机肥 2 000kg,密度为 1 500株/亩。

第五章　南方哈密瓜大棚栽培育苗技术

第一节　南方哈密瓜的育苗设施

一、育苗移栽的优点

育苗移栽是南方哈密瓜稳产高产重要技术措施之一，现已普遍采用。育苗移栽有以下优点。

1.可提早播种并延长生育期

育苗是在保护设施中进行的，因而可以提早播种，缩短苗龄，使南方哈密瓜植株赶在梅雨季节到来之前坐果，提早成熟并延长了南方哈密瓜的生育期，有利于提高产量。

2.有利培育壮苗

由于在苗床内集中育苗，所占面积较小、便于精心管理，有利于人为地控制小气候，科学地调节温湿度，并便于肥水管理和病虫防治，对幼苗生长十分有利。

3.可保证大田秧苗整齐一致

育苗过程中采取了保护根系的措施，大田定植方便，成活率高，可以做到一次齐苗，秧苗定植后恢复生长快，缓苗期短。

4.可以节省用种量

由于苗床内条件优越，成苗率高，故可以节省种子，一般情况下可比直播节省种子1/3。

5.可经济利用土地，提高瓜地复种指数

利用育苗移栽，可缩短占用大田的时间，有利于南方哈密瓜和其他作物进行间作套种。延长生长期，从而争得时间，调节接茬，提高土地利用率。

二、育苗移栽的设施

1. 冷床

冷床是指不采用人工加温的苗床。这种苗床多设在大棚内，除覆盖塑料薄膜保温外，白天主要是利用太阳的照射提高床温，夜间再通过草帘覆盖提高保温效果。由于没有其他人工热源，其增温效果较差，床温易受气温变化影响，不利于培育壮苗，故不宜在南方哈密瓜冬季育苗中应用。

2. 电热温床

电热温床是指用电热补充增温的温床。南方哈密瓜育苗期间地温较低，影响根系的生长和幼苗的发育，利用电热温床育苗可以有效提高土壤温度，并可以根据需要自如地调控温度，减少气候条件对瓜苗的影响，这种电热式温床在宁波市南方哈密瓜冬季育苗普遍应用。

3. 工厂化育苗

利用育苗专用设施在种苗场或专用场所进行集中育苗，这是快速集中培育南方哈密瓜壮苗的最先进的方法，工厂化育苗是育苗产业化的重要途径。

（一）冷床的建造与使用

冷床设在大棚内，苗床大小按栽培面积而定，一般宽 1.2～1.3m。冷床普遍采用地膜铺底，“四膜”覆盖，其具体操作方法是：先整好苗床地，并浇喷 90％晶体敌百虫 800 倍液（防蚯蚓、蝼蛄等地下害虫危害），然后在地面上铺上 5～7cm 厚度的砻糠或稻草，再铺上地膜，以隔断地下水分上升。播种时，在地膜上呈梅花形紧密排放，直接放置营养钵，营养钵播种覆土后再在排列好的营养钵上覆一层农膜；苗床上搭小拱棚；小拱棚外面再搭中棚。构成了底膜一钵面膜一小拱棚膜一中拱棚膜一大棚膜，即一膜（地膜）铺底，“四膜”覆盖的格局，具有良好的保温效果。拱棚的支架材料多用毛竹片或细竹竿构筑而成。拱棚支架沿苗床两侧畦埂，每隔60cm插入，深20～30cm，一面用泥土封严，另一面用砖块压实，可随时打开，以利通风。拱架要牢固，高度一致，必要时还可在棚外加盖草帘，以进一步提高其防寒效果。

（二）电热温床的建造

1.电热温床育苗的特点

电热温床是现代育苗设施。主要靠电热线加温，电热温床装有控温仪，可以实现苗床温度的自动控制，所以不仅温度均匀，而且温度比较稳定，安全可靠，节约用工，育苗效果较好。但育苗成本较高，而且必须有可靠的电源。

2.电热温床的建造与使用

（1）选择电热线：电热线也叫电加温线。鄞州区哈密瓜育苗选用电加热线的功率多为80～100W/m^2。

（2）建造与使用：苗床以南北向为宜。床址的选择及建造基本上与在棚内建造冷床的要求与步骤相同，所不同的是在铺覆的地膜上再加上一组电热线，因此，电热温床应建造在靠近电源的地方。

铺设电热线时，首先要根据苗床面积和电热线长度，算出布线条数和线距：

布线条数：（电热线长－2倍床宽）÷床长（取偶数）

线距＝床宽÷（布线条数＋1）

然后取10cm长的小木棍，根据线距插在床池的两端，每端的木棍条数与布线条数相等。先将电热线的一端固定在床池一端最边的一根木棍上，手拉电热线到另一端挂住两根木棍，再返回来挂住两根木棍，如此反复，呈S形布线，中间稀，两边密，直到布线完毕。最后将引线留在苗床外面。

电热线布完后，接上控温仪。苗床两端的电热线应盖上2～3cm厚的土并踏实，不使裸露。这时就可将两端的木棍拔出。然后通电，证明线路连接准确无误时，就可以提交使用。

营养钵直接排放在铺放好电热丝的床面上，电热温床的搭建方法与冷床基本相仿。

(3)电热温床管理与使用要点：电热温床在播种前一天要先接好电接点温度计并插在床土中，将温度调到30℃，接通电源，加温，当床温升至30℃时即可播种。以后根据需要调节电接点温度计至所需温度即可。

使用中要注意以下几点：①布线时要使线在床面上均匀分布，线要互相平行，不能有交叉、重叠、打结或靠近，以免通电后烧坏绝缘层或烧断电热线。苗床两端电热线和接头必须埋压在土中，不能暴露在空气中。②电热线的功率是额定的，不能剪断分段使用，或连接使用，否则会因电阻变化而使电热线温度过高而烧断，或发热不足。③接线时必须设有保险丝和闸刀，各电器间的连线和控制设备的安全负载电流量要与电热线的总功率相适应，不得超负荷，以免发生事故。④电热线工作电压为220伏，在单相电源中有多根电热线时，必须并联，不得串联。若用三相电源时必须用星形(Y)接法，不得用三角形(△)接法。⑤苗床内各项操作均要小心，严禁使用铁锨等锐硬工具操作，以防弄断电热线或破坏绝缘层。一旦断路时，可将内芯接好并用热熔胶密封，然后再用。⑥电热线用完后，要轻轻取出，不要强拉硬拽，并洗净后放在阴处晾干，安全贮存，防止鼠咬和锈蚀，以备再用。

(三)营养土和营养钵的准备

1. 营养土

营养土的结构和成分对南方哈密瓜根系和幼苗生长有直接的影响。育苗用的营养土要求肥沃、疏松，营养全面、保水保肥、无病菌、虫卵和杂草种子，没有石块等杂物。为避免土壤带菌，不宜从近年内种过瓜类作物的田内取土，更不能在菜地取土，宁波市鄞州区瓜农多选用近年未种过瓜类作物的稻田表土或风化过的河塘土作营养土。一般都在冬前挖取，经冬季的冻垡风化后，除去杂草、加入肥料、农药，覆膜堆放15d以上备用。营养土中添加的肥料、农药的比率因各地情况而有所差异，一般的配比是：每500kg土中加有机复合肥15kg、硫酸钾复合肥1.5kg。或在田土中加入10%腐熟猪肥，0.5%复合肥，于施用前1～2个月将肥料混合均匀、堆制、过筛后备用。也有采用在$1m^3$床土中加尿素0.25kg，过磷酸钙1kg，硫酸钾0.5kg或氮、磷、钾三元复合肥1.5kg的配制比率进行配制。总之，具体的配制比例可根据当地情况灵活掌握。

播种前7～10d，营养土要进行消毒。常用的消毒方法是：

(1)每500kg的营养土拌百菌清或托布津20g，并用40%的福尔马林100～150mL，加水12～15kg，搅匀后喷土，或在每$1m^2$床土上浇灌50%代森铵400倍液4.5mL，然后在土面覆盖塑料薄膜闷2～3d，达到充分杀菌，然后摊开待药气散发尽后备用。

(2)每500kg营养土拌入50%多菌灵或70%托布津或70%敌克松10g，充分混匀后备用。

(3)每500kg营养土，加入30%的苗菌敌一包(20g)，拌匀后备用。

配制营养土时要注意以下几点。

(1)用于配制营养土的有机肥料必须充分腐熟，化肥应捣碎过筛，并充分拌匀。

(2)加入的化肥应适量，避免肥害伤根烧苗。

(3)营养土的湿度应适宜，使填装好的营养钵中钵土松紧适度，避免因钵土过湿，使土壤的空隙度变差。

2.营养钵

南方哈密瓜的根系发育早，再生能力弱，受伤后不易恢复，因此生产上多采用营养钵育苗以保护根系。生产上常用的营养钵有以下几种。

(1)纸钵:用废旧易拉罐或细瓶子作为依托,以废旧报纸为材料卷成筒高 10～12cm,上口径 8～10cm 左右的有底纸筒。纸钵内装土时,第一次装至占筒深的 2/5,压实成型后,进行第二次装土,达到满钵并进行轻压,使钵土上松下实,以保证移栽时营养钵不破碎。纸钵是否能能正常使用,关键是:一要确保废旧报纸有一定强度并折叠良好;二要注意掌握正确的装土方法;三是在排钵时要使钵与钵之间紧密相靠,并在缝隙间填满土;四是移植前几天要停止浇水,使土块稍干而硬结,便于起苗。

(2)塑料钵:用聚氯乙烯或聚乙烯压制而成,一般筒高 10～12cm,上口径 8～10cm 底部有孔。装土时先装 2/3 左右,捣实,再装满,稍镇压抹平即可。这种下紧上松的装土方法主要是为防止底土散落,保持上部疏松,促进发根。

(3)机制土钵:采用口径 8～10cm 的手持制钵器压制,制作土钵的泥土要在冬季取好并经过深翻冻垡。配制营养土时,要加入适量的腐熟厩肥、饼肥及少量复合肥掺匀,再加适量的水,使土能抓紧成团,下落不碎,然后逐个压制后套上塑料袋,逐批放入苗床备用。机制钵操作简便,但应注意营养土的配比,掌握好钵土的松紧度和制作时的含水量,如过松,易破碎,会导致动根、伤根;过紧则影响发根。

第二节　南方哈密瓜的育苗方法

一、选好种子

育苗用的种子必须具有较高的发芽率,发芽率的高低,可用催芽法进行发芽试验。在一般贮藏条件下,南方哈密瓜种子在 1 年以内,发芽率为 95%～100%;贮藏 2～3 年,发芽率为 80%～95%;贮藏 4～5 年,发芽率为 30%～40%;贮藏 6 年以上,发芽率极低,甚至已完全丧失发芽能力。根据发芽试验就可以判别所用种子的新陈及是否可用。

二、种子播前处理

（一）选种、晒种

南方哈密瓜产区瓜农多在播种前仔细选种，在确认所选种子有较高发芽率的前提下，剔除瘪种和过小的种子，选留饱满的种子。同时进行晒种。晒种要选择晴朗无风的天气，将种子摊在席或纸等物体上，晒种2d，晒种时，厚度不要超过1cm，夏季晒种不要放在水泥板、铁板或石头等物上，以免把种子烫伤影响发芽率。晒种过程中，每隔2h左右要翻动一次，使其受光均匀。晒种除有一定的杀菌作用外，还可增强种子的活力，提高种子的发芽势和发芽率。

（二）消毒

种子是传播病害的重要途径之一，南方哈密瓜多种病害都能通过种子带菌进行传播为害。因此，为控制、预防病害，在播种前需对种子进行消毒处理，主要方法有：

1. 药剂浸种法

可用作浸种的药剂很多，如50%多菌灵500倍液或70%甲基托布津1 000倍液浸种1h，或用10%的磷酸三钠浸种20min，或用40%的福尔马林150倍液浸种30min，都能有效地杀死种子上所带的枯萎病、蔓枯病、炭疽病、病毒病等病菌。但不论用那种药剂，浸种后，都要在取出后用清水冲洗干净。

2. 拌种法

常用种子重量的0.2%～0.3%的拌种双、多菌灵、甲霜灵、敌克松等药剂拌种，杀死种子表面病菌、减轻苗期病害。

3. 温汤浸种

这是南方哈密瓜最常用的处理方法，具体做法是：将种子放入

55℃的温水中，不断搅拌，浸泡15min，可基本杀死潜伏在种子上的病菌。

（三）浸种

浸种的目的是使种皮和胚吸收水分，软化种皮，提高种子的呼吸强度，促进养分的分解，加速发芽。浸种时间长短与种皮的厚度和水温有关，种皮厚的大粒种子浸种时间要长些，而种皮薄的小粒种子时间可短些；水温高浸种时间短些，水温低浸种时间长些。南方哈密瓜通常用55℃温水浸种，边浸边搅，冷却后再浸种2～4h。除此之外，南方哈密瓜还有以下几种浸种方法。

1.冷水浸种

在室温下的冷水浸种，一般6～10h（葫芦砧种子浸24h）即可，每间隔3h搅拌一次。

2.恒温浸种

用25～30℃的温水，在恒温条件下浸种3h。

3.药剂处理

为了提高种子的发芽率，加快发芽速度，可用一些药物处理种子，对种子加以刺激，促进其生理活动。如可用5～10mL/L赤霉素，或用0.1%～0.2%的硼酸、磷酸二氢钾浸种。

南方哈密瓜种子浸种时应注意以下几点。

(1)浸种时间要适当，时间过短种子吸水不足，发芽慢，甚至难以萌发；时间过长则导致吸水过多，造成咧嘴，种胚养分流失影响种子发芽。冷水浸种时，时间可适当延长，温水或恒温浸种时，时间可适当缩短。药剂处理时间较长时，浸种时间也应相应缩短。

(2)浸种完毕，将种子在清水中冲洗几遍，并反复揉搓，洗去种子表面的黏液，以利种子萌发。

（四）催芽

种子催芽是指为保证种子出苗快而整齐，通过人工控制，创造适宜的温度条件,促使种子快速萌发的过程。据实验,在15～30℃温度范围内,南方哈密瓜种子发芽速度随温度升高而增快。南方哈密瓜种子常用的催芽方法主要有以下几种。

1.恒温箱催芽法

该法最为安全可靠,科研单位或有条件的生产单位一般都用有自动控温调湿装置的恒温培养箱进行种子变温催芽。催芽时先将温度调到仪表上的28～30℃恒温位置,打开开关通电提前加热,然后将湿纱布或毛巾平铺在盘上,把种子均匀平摊到布上,上面再盖1～3层湿布,将盘放入箱架上,进行催芽,等种子露白后,降温到20～22℃继续催芽。催芽过程中,每天要将种子取出1～2次,用清洁温水冲洗,沥干后重新放回。一般24h后开始出芽,2～3d即可基本出齐。变温催芽的芽粗壮、生命力强,南方哈密瓜产区现普遍采用这种处理方法。

2.暖水瓶催芽

当需要催芽的种子量较少时(100g以下),可采用此法催芽。将浸好的种子用湿布包好,或者装入小布袋中,再在外面包一层塑料布,包的大小以能顺利放入瓶口为宜。取一保温性能好的暖水瓶,瓶内加入体积1/2的32℃温水,将种子包用绳捆好吊入暖水瓶中,距水面3～5cm高处,将绳另一端固定在暖瓶把上,盖紧瓶塞进行催芽。瓶中温水一般6～12h换一次,每天将种子用温水淘洗一次,24～36h后即可开始出芽,芽出齐后即可取出播种。

3.人体催芽法

处理的种子较少时非常实用。将少量种子用纱布包好,外套两层塑料袋,塑料袋用针扎透气孔,扎好带口,放在贴身一层衣服外面,一般以身体正面的腰部以上为好,再用绳或带固定到身上,或扎紧外侧衣服以防漏掉,每天取下在30℃温水中洗1～2次。隔一定时间将种子袋内的里外面调换一下,使其受热均匀。该法依靠人体温度催芽,温度极为稳定,绝不会烫种,而且可靠,效果较好。

除上述催芽方法外，还可以应用电热板或电热毯配上控温仪来进行催芽。

南方哈密瓜种子在催芽过程中，有时会出现种皮从发芽孔处开口，甚至整个种子皮张开的现象。种皮开口后，水分进入，易造成浆种(种仁积水发酵)、烂种，胚根不能伸长等，暂时不浆不烂的种子，也不能顺利完成发芽过程而夭折。发生这种情况主要有以下几种原因：

1.浸种时间过短

南方哈密瓜种皮是由四层不同的细胞组织构成的，外面的两层分别是由比较厚的角质层和木栓层组成的，吸水和透水性较差。如果种子在水中浸泡的时间短，水分便不能浸透到内层去。当外层吸水膨胀后而内层仍未吸水膨胀，这样外层种皮对内层种皮就会产生一种胀力，但由于内外层种皮是紧密联系在一起的，而且外层种皮厚，内层种皮薄，所以内层种皮在外层种皮的胀力作用下，被迫从“薄弱环节”的发芽孔处裂开。

2.浸种时温度过高或时间过长

应注意在高温烫种时，掌握好时间，一般开水烫种不应超过3～5s。

3.催芽湿度过小

种子经浸种后，整个种皮都会吸水而膨胀。催芽时温度较高，水分蒸发较快，如果湿度过小，则外层种皮很容易失水而收缩，但内层种皮仍处于湿润而膨胀的状态，内外层种皮间便产生了压力差，内层种皮便会在外层种皮收缩力的作用下被迫裂开。

4.催芽温度过高

催芽时，如果温度超过 40℃的时间达 2h 以上，会使南方哈密瓜外层种皮失水而收缩，从而导致种皮裂开。

南方哈密瓜种子催芽时应注意以下事项。

(1)催芽温度尽量保持稳定，不能忽高忽低，应保持在适宜的温度范围内，最高温度不能超过 32℃。催芽过程中要勤观察并经常调整，发现问题及时解决。

（2）湿度不要过高，浸种时间不宜过长，种子上的水分也应沥干并注意通气以加速萌发。

（3）种子出芽长度以露白为度，最长不要超过 3mm，幼芽过长易折伤。出芽不整齐时，可将已出芽种子先行播种或挑出用湿布包好放在 15℃条件下，待种子基本出齐后一起播种。

（4）催芽过程中要经常翻动种子，使种子均匀受热并用温水清洗，否则会因温度较高，发酵而产生一种难闻的酸味物质。幼芽接触到这些物质易变黄或腐烂而出现种子烂芽现象。

三、土壤消毒

播前，土壤要进行消毒，一般可用 50％多菌灵可湿性粉剂以 1∶100 比例与细土混和或用 70％敌克松 2kg 拌细土 100kg，撒施或施在种穴内。

四、播种

南方哈密瓜种子播种前应先浇水，待水下渗透完后播种，一钵一芽，胚根向下，干种子可平放。采用嫁接栽培时，顶靠接和和劈接的砧木播在苗床的同一营养钵中，顶插接的接穗播在播种箱里。播种时需注意以下几点。

（1）苗床土温低于 15℃时不能播种。如床温在 15℃以下播种会造成出苗时间大大延迟，影响幼苗质量。温床育苗时，多在床温达到 25℃左右时再开始播种，播种后至幼苗出土前苗床温度保持在 27～30℃，以缩短出苗时间，加快幼苗出土。

南方哈密瓜育苗季节气温尚低，且经常出现寒潮，因此冷床育苗时应注意气象预报，抢在低温天过后的晴天播种。

（2）床（钵）面要平整，苗钵间要排列紧密，以便浇水一致，保温、保水，防止纸钵破碎。

（3）播种后，要覆土，覆土要厚薄一致，厚约 1cm 为宜。过浅，表土干燥或直播的种子会出现“带帽”现象，影响子叶展开和幼苗的发育。播种覆土后不再浇水，保持土面疏松或在床面平铺一层薄膜，以减少水分蒸发并能起到散热作用。

(4)覆土后要及时搭好拱架，盖好塑料薄膜，夜间加盖草苫，使苗床保温保湿。采用营养钵育苗，播种后还应及时将营养钵之间的缝隙用细土填满，利于苗床保温及避免营养钵中土壤水分从间隙处过度失水影响出苗。一般播后 3～4d 即可出苗。当幼苗顶土时把营养钵上的地膜揭开，然后在床面再撒一薄层细土，填充床面缝隙，帮助子叶脱壳。也可以保留钵面上的地膜，幼苗顶土出苗时及时开口放苗。保留地膜可以减少水分蒸发，降低空气湿度，减轻病害发生。

五、提高种子发芽率的主要措施

提高种子发芽率是节约用种，保证播种质量和苗全苗壮的基础。发芽率的高低除与种子贮存时间、贮存条件及种子质量有关外，还与温度、空气、光线等外部发芽条件和种子内部生理条件有关。在南方哈密瓜栽培中，可以通过改善发芽条件或采取某些促进种子生理活动的措施来提高发芽率。

1.改善发芽条件

南方哈密瓜种子发芽时，要求有适宜的温度、湿度等条件，最适宜的温度是 25～30℃，如温度低于 15℃，种子不发芽；如温度高于 40℃，种子发芽率也会大大降低。同时种子发芽要求有较高的湿度。种子吸水膨胀阶段，需要吸收相当于干种子重量 50%～60%的水分。发芽阶段要求土壤含水量达到 25%以上。如果低于 16%～18%，南方哈密瓜种子不能顺利发芽。此外，南方哈密瓜种子发芽还要求足够的空气和 8～10h 的黑暗条件，以保证种子发芽过程中呼吸作用所需要的氧气和满足南方哈密瓜种子发芽时的嫌光性要求。

2.促进种子生理活动

可采取晒种、浸种催芽、化学药剂来进行处理。实践证明：南方哈密瓜种子在早春日晒 2d 后播种，比不晒的提高发芽势 12%，提高发芽率 5%，并且出苗整齐。用 5～10mg/kg 的赤霉素，或用 0.1%～0.2%的硼酸、磷酸二氢钾直接浸种，则可以增强种子的生理活动，不仅发芽快，而且还可使幼苗生长健壮。

第三节　南方哈密瓜的苗床管理

一、冬季与早春育苗(11 月下旬至翌年 2 月中下旬)

(一)壮苗标准

苗龄 30～35d；根系发达，白色；茎粗 0.35～0.4cm，子叶下胚轴直径 0.3cm 以上，节间短，苗敦实；移栽前苗高低于 15cm(以叶片所达到的最高度计)；真叶 3～3.5 片，叶色绿或深绿(因品种不同而异)，有光泽。

(二)培育壮苗的措施

1. 播种及出苗前的管理

(1)播种：选晴暖天气上午播种，播种时苗床地温最好能在 20℃以上，不低于 16℃，以保证顺利出苗，缩短出苗时间。播种前先盖小拱棚，应临时撤掉小拱棚，检查苗床湿度，最好在播种前再泼浇一次水，以保证苗前不缺水。事先没有浇水的，播种前应用温水将营养钵灌透。哈密瓜播种多用点播法，每个营养钵点播一粒带芽的种子。在操作方法上应先在营养钵或营养土块上开穴，放入种子后，穴内盖土，或将种子平放在营养钵土面上，然后再盖土。盖土要用过筛的细土，最好是营养土。盖土的厚度依种子大小而定，一般为 1～1.5cm。若播种过深，则出苗时间长，易烂种；播种过浅，虽然出苗快，但易出现戴帽出土现象，且根系入土浅，苗床浇水不足时，会出现早期落干死苗现象。

(2)出苗前管理:播种后首先要用营养土将营养钵之间的缝隙填好,在床面上覆盖一层地膜,以保温、保湿。苗床上用竹片、塑料薄膜搭盖小拱棚,夜间盖草苫或麦秸。出苗前使地温保持在25℃以上,以27～30℃为最好。气温白天保持28～32℃,夜间20～25℃。在出苗前用电热线的要注注意加温,不要使温度超过40℃而造成烧苗。白天要揭开草苫,利用自然光照来提温;当有50%幼苗顶土时,要及时开口放苗或揭掉地膜,并开始通风。

2.苗期管理

(1)温度:当瓜苗基本出齐时,要及时通风降温。若此时温度过高,很容易形成高脚苗。白天要揭开草苫,使小拱棚通风。幼苗破心后,可适当提高温度,促进幼苗生长。定植前7～10d进行幼苗锻炼(即炼苗),塑料薄膜等由小到大逐步揭开通风,使温度接近移栽环境的温度。

苗期温度管理可参考表5-1执行。

表5-1　苗床温度管理指标

项　　目	播种至出苗	出苗至破心	破心至炼苗	炼　　苗
白天气温(℃)	28～32	22～25	27～30	22～25
夜间气温(℃)	20～25	15～17	17～20	15～17
地　　温(℃)	27～30	25～27	20～25	17～20

冬季当寒流天气来临时,阴雨天苗床的温度可比晴天时低2～3℃,应防止因温度高、光线弱引起幼苗徒长。寒流对幼苗会造成危害,在遇到寒流时一定要进行加温,电热线要通电,并增加覆盖物的厚度。

(2)光照:冬季育苗时,光照条件的好坏可直接影响到育苗的质量。由于冬季和早春太阳光线弱,光照时间短,哈密瓜冬春苗床普遍光照不足,致使幼苗茎细叶小,叶片发黄,容易徒长,也容易感病，移栽后缓苗慢，影响产量。为增加棚内光照，白天要及时揭开草苫等覆盖物，让幼苗接受阳光；晚间要适当晚盖草苫等，以延长幼苗见光时间。另外，要经常扫除薄膜表面沉积的碎草、泥土、灰尘等，以保持薄膜较高的透光率。在育苗后期温度较高时，可将薄膜揭开，让幼苗接受阳光直射。揭膜应从小到大，当幼苗发生萎蔫、叶片下垂时，要及时盖上薄膜，待生长恢复后再慢慢揭开。连续阴天时，只要棚内温度能达到 10℃以上，仍要坚持揭开草苫，使幼苗接受散射光。长期处于无光条件下的幼苗易黄化或徒长。气温特别低时可边揭边盖。久阴乍晴时，不透明覆盖物应分批揭去，也可随揭随盖。

(3)肥水管理：在播种前浇足底水的情况下，出苗前苗床一般不会缺水。但出苗后幼苗生长逐渐加快，需水量大。而在电热温床上，水分蒸发量大，床土易失水干燥。因此，应根据土壤水分情况及时补充水分。苗床上应严格控制浇水。苗床湿度大时，一方面会引起幼苗徒长，易诱发病害；另一方面也会影响根系的正常生长，发生沤根。床内湿度较大时，可控制浇水，结合划锄进行散湿提温。在瓜苗生长过程中，若发现缺肥现象，可结合浇水进行少量追肥，一般可用 0.1%～0.2%尿素水浇苗，也可在叶面喷施 0.2%的磷酸二氢钾或 0.3%的尿素。通常情况下，只要育苗营养土是严格按照前文所介绍的方法配制，瓜苗不会发生缺肥现象。幼苗缺肥的原因一般有以下几种：一是“白土”育苗，即由于缺乏充足的可用有机肥，在配制营养土时，只是利用大田土，未加肥料，肥力差，造成幼苗出土后缺肥。二是营养土采用生料配制，即用未腐热好的过量有机肥，或过量速效化肥，造成幼苗烧根，发生幼苗缺肥现象。三是育苗温床温度过低、湿度过大，造成幼苗沤根而发生的幼苗缺肥现象。

在育苗中应找准发生缺肥现象的原因，有的放矢，对第一种缺肥现象应采取追肥方式，第二种应结合水洗压肥，第三种应采取提温散湿的方法来处理。

(4)炼苗:幼苗一般在定植前一周开始炼苗。炼苗期间应加大苗床通风量,小拱棚上的塑料薄膜逐步由白天揭开、晚上盖上,一直到最后昼夜不再覆盖。炼苗期间不再浇水,以促进根系下扎,及时缓苗。炼苗期间若遇低温寒流天气时,仍要注意保温防寒,寒流过后再继续进行炼苗。

3. 病害防治

哈密瓜冬季育苗易发生猝倒病、立枯病等病害,在防治上可采取以下方法。

(1)综合措施:营养土要进行消毒处理,所有有机肥应充分发酵腐熟,以杀死肥料中的病菌;种子要进行灭菌消毒,以减少发病机会;苗床管理要合理用水,控制湿度、温度,防止温、湿度忽高忽低;加强光照,使幼苗生长健壮,增加抗病力。

(2)药土防治:每平方米苗床用 50%多菌灵粉剂 8～10g,掺土 4～5kg,1/3 于播种前撒施在苗床上,其余 2/3 待播种后作为盖土盖在种子上。这种上盖下铺的方法,可有效防治猝倒病、立枯病等病害;发生猝倒病时,可选用 64%杀毒矾可湿性粉剂、50%甲基托布津可湿性粉剂、50%多菌灵可湿性粉剂、50%敌克松可湿性粉剂 500 倍液进行灌根,育苗中期及定植前可喷一遍 75%百菌清可湿性粉剂 600 倍液。

二、夏季育苗技术

(一)壮苗标准

苗龄 15d 左右,三叶一心,苗高 15～20cm,茎粗 0.3～0.5cm。叶肥厚,绿或浓绿无病虫害。根系发达,色白,充满营养钵。

(二)培育壮苗的措施

1. 育苗床准备

宁波市鄞州区农业科学研究所曾立红的研究证明,宁波地区哈密瓜的二茬播种期应在 8 月 25 日之前，可采用直播或育苗移栽，苗龄 15d，育苗移栽于 9 月 10 前定植为宜。浙江 8 月下旬至 9 月上旬，正逢高温多雨或高温干旱，光照变化剧烈，病虫害发生严重。通常气温往往超过哈密瓜生长的适宜温度，加之在保护地育苗，如果通风降温设施跟不上，苗床的温度还要高。过高的温度造成哈密瓜花芽分化不良，影响以后的授粉坐瓜。而且，在哈密瓜二季育苗期间，不仅温度高，而且降雨也较多，容易造成地面渍涝。哈密瓜最不耐雨淋和渍涝，雨淋不仅直接冲击瓜苗造成叶部损伤，而且容易使幼苗发生苗期病害。渍涝使哈密瓜根系受损，坐住瓜后，哈密瓜非常容易患蔓枯病，严重者可造成哈密瓜绝产。此季蚜虫、白粉虱、斜纹夜蛾、斑潜蝇等害虫活动非常猖獗，对哈密瓜的危害非常大。这些害虫不仅直接为害幼苗，而且能够传播病毒病。如果防治不当或不及时，病毒病就可造成二季瓜生产绝产。因此，夏秋季哈密瓜育苗绝不可以在露地进行，应在保护设施内育苗，并具备“三防”条件，即防高温、防雨淋、防虫害。

(1)防高温：夏季气温较高，加之又是保护地育苗，苗床气温就更高，为有效降低苗床温度，在育苗时尽量选择敞亮、通风良好的地块育苗。在拱棚内育苗时，应将大棚四周都敞开，以利通风、没有大中拱棚设施的可在通风良好的地块搭建育苗拱棚。在条件许可的情况下尽量将拱棚建高些，以利通风降温。过热时节还可在育苗床及四周喷淋清水，以增湿降温。光照过强、温度较高时，在育苗棚上搭盖遮阳网，或其他遮阴物，来降低温度。但遮阳网不可常用，只在光照非常强的时候短时间使用为宜，以免造成植株徒长，使用时一般在上午 10 时后至下午 3 时前，时间不可过长。

(2)防雨涝：育苗床必须有遮雨覆盖，一般是在育苗大棚或拱棚上搭盖塑料薄膜，应注意须搭盖新塑料薄膜，用旧塑料薄膜透光性差，易造成植株徒长。其次育苗床要建在地势较高的地方，且苗床要建成高畦或半高畦。根据地势情况，苗床平面应距地平面高 10～15cm，以防止雨水进入苗床，造成渍涝。

(3)防虫害:夏季育苗期虽然短暂,然而由于害虫活动猖獗,仅靠药剂防治并不能完全奏效,需综合防治。第一步必须将育苗床与外界严格隔离,最有效的办法是在育苗大棚的通风带上安装30目的防虫网,以隔离害虫。第二步需将苗床上、育苗棚内及四周杂草清除干净。最后在苗期还要注意喷药防治害虫,一般需喷药1～2次,每次苗床喷药时,同时对苗床周围的作物及杂草喷药,以消灭虫源。夏季育苗,要采用高畦或半高畦苗床育苗。为便于操作,苗床宽度一般1～1.2m为宜,长度随场地条件和育苗量而定,但一般不超过15m,以便于浇水。畦与畦间以畦沟相隔,沟宽一般35～40cm为宜。畦沟兼有排水功能,应与周围排水沟相通,遇急雨大时能及时将苗床周围积水排出,以免淹没苗床。

2.浸种催芽

夏季育苗选种原则及浸种处理方式均同于冬季育苗。由于秋季温度高,日平均气温在30℃左右,适合于哈密瓜发芽,因此可不必再用催芽设施,直接用湿润毛巾等物包好种子,在暗光环境、常温条件下催芽,通常情况下,24h左右,大部分芽可出齐,此时即可播种,如果因故不能及时播种,可将种子放于冰箱中的冷藏层高温区内(即远离冷凝管的区域,此区域通常温度为10～12℃)。

3.播种及出苗前的管理

哈密瓜催芽至露白时即可播种,随出随播,在播前一定将苗床及营养钵用大水浇透,如果不用大水浇透,则在幼苗破心出真叶前,苗床就容易落干影响出苗。只有苗床吃透水,才能保证水分供应,由于夏季气温高,适于甜瓜出苗,一般播后40h左右,大部分种子便可出苗。因此播种后苗床可不必覆盖地膜。为防治地下害虫,如蝼蛄、蟋蟀、地老虎等为害,播种后需在苗床及四周撒毒饵,具体防治办法见本书病虫害防治部分。

4.苗期管理

(1)苗期要加强通风,防止幼苗徒长:在保证防雨的前提下,苗床周围的通风口要尽量开到最大。一般育苗大棚的薄膜只盖拱顶部，四周大通风；小拱棚育苗，遮盖也须离开幼苗 60～80cm，才能有良好的效果。

(2)苗期要及时浇水喷淋、降温增湿：夏季苗床很容易落干，应及时浇水，浇水时不要漫灌，水应在营养钵下流淌，不要浸到幼苗。干热时可在中午前后往苗床四周及棚膜上喷淋清水，也可往苗床上喷少许清水，往苗床上喷水时，水流不能太急，最好用喷雾器喷淋，以免伤及幼苗。

(3)苗期要及时喷药，防治病虫：夏季育苗，苗期常发病害为炭疽病，多发生于连日阴雨，苗床湿度较大之际。为防治病害，除在营养土中掺加杀菌剂外，苗期还可喷 75% 百菌清可湿性粉剂 600～800 倍液，或用杀毒矾 800 倍液。出苗后苗床要喷一遍“7051”杀虫剂 3 000倍液，以后每隔一周喷一遍。

(4)苗期要适当遮阴：哈密瓜苗床遮阴不可过度，一般只在晴热天气的中午进行为宜。定植前数天，不宜遮阴，应让秧苗多见直射光，防止秧苗拔高徒长。

第六章　哈密瓜的大棚栽培

第一节　定　植

一、播种期的确定

适时播种是使哈密瓜从种子发芽、出苗到成熟的各个生育期获得有利气候条件、全苗壮苗、植株正常生长、适时成熟的重要措施。哈密瓜的播种适期主要取决于品种特性、栽培制度、当地的气候和地理环境。曾立红对宁波市鄞州区推行哈密瓜大棚栽培一年两熟的播种期进行了研究。

1.春季栽培播种期

一般可确定由上年 11 月底直至翌年 2 月中下旬，具体播种时间可根据不同品种苗期耐低温及弱光的属性、根据预期上市时间来判断。

2.秋季栽培播种期

秋季为反季节栽培。哈密瓜为喜高温强光照作物，其生长发育需要较高的积温，本地进入 11 月气温下降迅速，11 月中旬日均温已不足 15℃，播种过晚果实不能成熟，因而需要通过试验来确定南方哈密瓜的秋季播种的临界播种期，使反季节栽培商品瓜能适时成熟上市。

试验选用“红妃”为主试品种，试验以 5d 为一个播期，8 月 15 日至 9 月 9 日共 6 个播期处理，不设重复。整地施肥田间管理同常规栽培，棚内做三畦，爬地栽培，单畦单行单边直播，株距 45cm，每处理50株。观察记载每个处理的生育期以及果实成熟采收起始与采收终期,每个处理取5个果实,考查果实经济性状。考查结果见表6－1。

表6－1 哈密瓜秋季播种临界期试验

播种期（月/日）	开花坐果期（月/日）	采收		成熟（d）	成熟果比率（%）	单果质量（kg）	产量（kg/亩）	含糖量（%）	产值（元/亩）
		始期（月/日）	终期（月/日）						
15/8	16/9	26/10	9/11	41	100	1.63	1 815.76	16.7	15 433.96
20/8	22/9	5/11	12/11	41	100	1.67	1 856.57	16.5	15 780.85
25/8	30/9	7/11	16/11	42	100	1.29	1 437.33	16.0	12 217.31
30/8	7/10	21/11	1/12	46	81	1.12	1 022.16	13.3	7 155.1
4/9	11/10	1/12	15/12	52	19	1.05	870.71	11.5	3 482.8
9/9	19/10	—	—	—	—	—	0	—	0

夏秋反季节栽培哈密瓜,播种过晚果实不能成熟,见表6－1所示:6个播期中,8月15日、20日、25日三个播期的果实全部成熟,果实外形标准合格、平均含糖量均达到16%以上,果实商品价值极好,但8月25日以后产量迅速下降。本地秋季平均批发价达到7.8元/kg,三个播期的亩产值分别达到14 162.9元、14 481.2元、11 211.2元。8月30日播种,成熟果实所占比例降至81%,果实瓤色变淡,肉质略紧,糖度下降,市场批发价6～8元/kg,9月4日播种,其最早坐果果实成熟度仅为6～7成,已不能作为商品上市,零售价也只卖3～4元/kg。8月25日起,随着播期延后,平均单果逐渐变小,结合气温变化分析认为,9月底以后日平均温度低于20℃,累积温度达不到自开花坐果至果实成熟需要的积温,所以播种越迟果实越小,产量也越低,品质风味下降。此试验表明夏秋季种植哈密瓜,保证优质稳产的安全播种期应在8月25日前。

二、深耕细作、施足基肥

首先要选好地，应选择地下水位低，排灌方便、土质疏松、肥力水平较好的地块为栽植地。在完成大棚搭建的基础上，进行全层翻耕，深度25～30cm。同时配好排灌沟系，精细整地作畦。整地同时一次性全耕层施足基肥，基肥为有机肥，加适量的复合肥料。目前生产上多使用商品有机肥。

无公害哈密瓜生产增施有机肥可降低哈密瓜硝酸盐的含量，这是由于有机肥通过生物降解有机质，养分释放慢，有利于哈密瓜对养分的吸收，同时有机质促进了土壤反硝化过程，减少了土壤中硝态氯浓度。有机肥的最大施用量应以满足作物营养需要为标准。有机肥料种类很多，允许使用的有堆沤肥、厩肥、沼气肥、饼肥等。生活垃圾应在剔除工业废弃物、堆积发酵无害化处理后方可使用。畜禽粪便经过生物发酵、脱水加工制成商品有机肥后，不仅施用方便，而且能降低对环境的污染。如用农家畜禽有机肥，必须充分腐熟，未经腐熟处理的畜禽粪便不可直接施入田地。

爬地栽培的可亩施腐熟有机肥1 000～1 500kg(或堆制过的饼肥100～150kg)或商品有机肥300～400kg，三元硫酸钾复合肥20～30kg和过磷酸钙30kg；立架式栽培可亩施腐熟有机肥1 500～2 000kg(或堆制过的饼肥150～200kg)或商品有机肥400～500kg、三元硫酸钾复合肥30～40kg和过磷酸钙30kg。

宁波市鄞州区农业科学研究所曾立红对爬地栽培的哈密瓜基肥用量进行了专题研究。

2012年，曾立红使用同一种类不同用量的复合肥作了一次对比试验，将处理间底肥差调整为15kg/亩，再次于农科所陆家堰实验基地进行试验。

参试品种为“红妃”，试验所用底肥为住商复合肥(N－P－K：15－15－15)。分5个处理，对照CK不施底肥，其余A：0.64kg(20kg/亩)、B：1.12kg(35kg/亩)，C：1.60kg(50kg/亩)，D：2.08kg

(65kg/亩),试验随机排列,重复三次。各小区面积均为 21.3m^2,株距 50cm,种植密度为 500 株/亩。追肥采取肥水结合滴灌方式,使用 1%复合肥(N－P－K:15－15－15,16.7kg/亩)＋1%硫酸钾(16.7kg/亩),肥水总量为 1670kg/亩(折合小区为 50kg),于果实膨大期分二次滴入。果实成熟中期测植株性状(表 6－2),每个处理测 5 株;果实成熟采收期每个处理同时取 5 个同一天点花坐瓜的果实考查果实性状,分批采收计产。不同底肥处理果实与经济效益比较见表 6－3。

表 6－2　不同底肥处理植株性状调查

处理	长×宽(cm×cm)	叶厚(mm)	茎粗(cm)	节间长(cm)	叶绿素(SPAD)
CK	17.32×24.01	0.417	0.776	29.4	38.72
A	17.54×23.64	0.422	0.822	28.8	39.55
B	17.97×24.32	0.430	0.826	28.9	39.69
C	18.41×24.97	0.455	0.780	27.3	39.8
D	17.46×22.86	0.438	0.776	26.9	42.20

表 6－3　不同底肥处理果实与经济效益比较

处理	单果质量(kg)	瓤厚(cm)	含糖量(%)	小区均产(kg)	产量(kg/亩)	产值(元/亩)	成本(元/亩)	利润(元/亩)
CK	1.31	2.94	14.67	41.21	1 289.89	9 416.2	3 989	5 427.2
A	1.39	3.01	15.0	44.41	1 390.05	10 147.4	4 081	6 066.4
B	1.41	3.2	16.0	46.39	1 452.03	10 599.8	4 150	6 449.8
C	1.36	3.07	15.56	43.99	1 376.91	10 051.4	4 219	5 832.4
D	1.34	2.96	15.05	44.16	1 382.22	10 090.2	4 288	5 802.2

试验结果表明，随着底肥施入量的增加，叶片增大变厚，茎变粗，但增加到一定量(50kg/亩)，叶片大小及厚度又开始变小，茎停止变粗。节间长度基本上与底肥增加成反比，即底肥越多节间越短，叶色与底肥施入量成正比，底肥越多则叶色越浓。

由表6－3可以看出，小区产量并非与底肥施入多少成正相关，从不施底肥到每亩施35kg(CK－B)，产量与产值效益递增并且增幅较大，处理A较对照增产7.76%，处理B较对照增产12.57%，效益最好的是处理B，净利润达6 449.8元，其次为处理A，最低的是对照。底肥增加到每亩35kg以后，产量开始下降，处理C(50kg/亩)kg较B减产5.5%，之后产量基本保持不变。这一结果符合作物高产栽培的“最大养分定律”，考查果实性状得出的结果，如单果重、果型指数等也反映了相同的规律。本试验结果表明，哈密瓜栽培中在不施有机肥的前提下，单纯以复合肥(N－P－K：15－15－15)为底肥时，用量不宜过大，每亩适宜施底肥20～35kg。

三、合理密植

合理密植是指在单位面积上，栽种哈密瓜的密度要适当，行株距要合理。一般以每亩株数(或穴数)表示。株距、行距要多少才算合理，必须根据自然条件、品种特性以及耕作施肥和其他栽培技术水平而定。合理密植是增加哈密瓜产量、保证品质的重要措施。

合理密植的增产机理是，哈密瓜果实中，有90%～95%的物质来自光合作用的产物。叶片是进行光合作用的主要器官，是制造有机物质的小加工厂。叶片中的叶绿素通过光合作用把哈密瓜植株根系吸收的水、肥和无机盐以及叶片气孔吸收的二氧化碳转化为有机物质，再输送到植株的各个部位，供给植株生长发育的需要和积累。因此，叶面积的大小直接影响干物质的形成，哈密瓜果实产量与叶面积大小关系密切。在一定范围内，增加密度，扩大叶面积，光合产物增加，产量上升。但密度过大，叶片相互重叠，株间透光率降低，田间郁蔽，叶片光合作用降低，有机物质积累总量反而减少，产量下降。在合理密植的情况下，由于叶面积的增加，光合产物的增长大大超过呼吸消耗量，干物质净增量增多，因此，产量较高、品质好。

合理密植是增加哈密瓜单位面积产量的有效途径。其作用主要在于充分发挥土、肥、水、光、气、热的效能，通过调节哈密瓜单位面积内个体与群体之间的关系，使个体发育健壮，群体生长协调，达到高产的目的。

不同品种，不同栽培季节、不同栽培模式、不同延蔓方式，适宜的栽培密度也不一样。

据西北农林大学试验，西农脆宝（品种）在日光温室内立架栽培，每亩以 2 200株为宜；江苏溧阳农林局试验，雪里红（品种）大棚内立架栽培单蔓整枝，以 1 600株/亩为宜，爬地栽培双蔓整枝以 600 株/亩，全田保持 1 200根蔓/亩为宜。

曾立红对南方哈密瓜爬地栽培密度进行了比较试验：

主试品种为"红妃"。试验选用 8m 宽的大棚，分三畦栽培，单畦单边单行种植，双蔓整枝，每株留 2 果。开沟施底肥：每亩施有机肥 2000kg，复合肥 28kg（N－P－K：15－15－15），过磷酸钙 25kg；果实膨大期追施复合肥 16.7kg。试验设 4 个处理，即株距 30cm、40cm、50cm、60cm，折算密度分为 830 株/亩、625 株/亩、500 株/亩、416 株/亩，每一处理 20 株，随机排列重复 3 次。考查不同密度植株生长势、经济性状、病害发生。植株性状调查于果实成熟中期完成，调查第 10 节叶片大小、叶厚、节间长、茎粗，每处理查 5 株；果实完全成熟时每处理各采 5 个同一天开花坐果的果实考查果实性状；采收期间全田调查蔓枯病发病株。试验结果见表 6－4、表 6－5 所示。

表 6-4　不同密度植株性状调查

株距(cm)	叶片大小(cm×cm)	叶片厚(mm)	茎粗(cm)	节间长(cm)	果实成熟(d)	发病率(%)
30	16.0×22.53	0.442	0.886	31.0	43	5.9
40	17.31×24.23	0.455	0.898	27.52	43	1.2
50	17.01×24.45	0.487	0.96	26.96	42.6	0
60	18.37×26.55	0.511	1.04	26.35	42.1	0

表 6-5　不同密度果实与经济性状比较

株距(cm)	单果质量(kg)	单产(kg/亩)	纵横茎(cm×cm)	瓤厚(cm)	含糖量(%)	商品果率(%)		产值(元/亩)	成本(元/亩)	利润(元/亩)
						一级果	二级果			
30	1.39	2390.12	16.5×12.8	3.3	14.0	39.6	46.5	13969.3	4710	9259.3
40	1.58	1939.03	20.5×12.8	3.2	14.5	67.9	29.1	13116.8	4630	8486.8
50	1.78	1995.1	18.6×13.3	3.5	15.6	100	0	14963.3	4600	10363.3
60	1.99	1681.33	20×13.2	3.4	15.5	100	0	13450.6	4570	8039.9

注:一级果果形好,皮色均匀,单果质量 1.5kg 以上;二级果果形皮色次于一级果,单果质量 1.0～1.5kg

试验结果表明,随着株距增大密度减小,植株叶片增大变厚,节间变短增粗,叶色浓绿坚挺,生长健壮,蔓枯病发病水平下降。4 个处理中植株性状表现最好的是株距 50cm 与 60cm,最差为 30cm,植株细弱,叶面积较 60cm 小 9.6cm^2,节间长 4.6cm,蔓枯病发病高达 5.9%。果实性状也随密度改变而变化,密度与果实大小成反比,密度越大果实越小(表 6-5),株距 30cm 时单果质量 1.39kg,60cm 单果质量 1.99kg;密度与果实品质也成反比,4 个处理中株距 30cm 的含糖量最低，株距 50cm、60cm 的含糖量都在 15%以上。从果实外形看，株距 50cm 及 60cm 果皮白里透黄，表面附着少许网纹，瓜瓤的折光糖梯度小，皮薄质脆商品性最好，产品一级果率达 100%，株距 50cm 的利润最高，达到每亩 10 363.3 元，其次是株距 30cm，但由于 30cm 的密度过高，果实多被茎叶遮蔽，成熟果实皮厚瓤薄，果皮着色不均匀，商品果率合计 86.1%。4 个处理单位面积产出不同，密度越大产量越高，但综合田间表现、产量水平以及商品价值等，爬地栽培的合理密度以株距 45cm 左右为宜、每棚 3 畦，每亩 500～550 株，双蔓整枝，每蔓留 2 果；立架式栽培株距 40cm 左右，每棚 4 畦，每亩 1 600株，单蔓整枝，每蔓留 1 果。

宁海县农业技术推广总站金伟兴、胡宇锋也进行了类同的试验，据其 2013 年 12 月在中国农业科学院农业科技通讯上发表的“大棚哈密瓜不同种植密度和整枝留瓜方式试验”文章称：“供试哈密瓜品种为黄皮 9818。试验设计为每亩 350 株、450 株、550 株 3 个密度，每个密度有单蔓留 1 瓜、双蔓留 1 瓜、双蔓留 2 瓜、双蔓留 3 瓜、双蔓留 4 瓜、三蔓留 2 瓜、三蔓留 3 瓜和三蔓留 4 瓜，共计 24 个处理，不设重复，每个处理小区均定植 16 株，小区面积依次为 0.76cm×4 株×9.5＝28.88m^2、0.59cm×4 株×9.5＝22.42m^2、0.48cm×4 株×9.5＝18.24m^2。”经在宁海县长街镇青珠农场丁平友大棚试验（同期播栽、同样管理）证明：“栽 350 株/亩、双蔓留 4 瓜和栽 450 株/亩、3 蔓留 3 瓜，因密度、整枝留蔓、留瓜较合理，所以综合性状较理想。单瓜重分别是 1.25kg 和 1.27kg，符合市场单瓜质量 1.25kg 以上最受欢迎的指标，产量分别是 1731kg/亩和 1 736kg/亩，排在各处理的第 5 和第 4 位，只比单产第一的 1 791kg/亩减 3.3%和 3.0%，相差不大。再从生产成本分析，亩栽 450 株/亩比栽 350 株/亩成本高”。他们的结论是：“在本地气候条件和栽培管理水平下，哈密瓜品种黄皮 9818，移栽密度以 350 株/亩左右为宜，整枝留蔓、留瓜以双蔓留 4 瓜的茎叶分布较合理，单瓜重适宜，产量较高”。

四、把好定植关

1. 定植深度

哈密瓜以营养钵或营养土块移栽时，钵口（或土块口）应与地面相齐，使子叶与地面保持 1～2cm 的间隙为宜。瓜苗栽得过深或过浅，都会难于成活，即使成活也会使生长缓慢，影响早熟高产。

哈密瓜苗的根系在生长过程中在不断进行呼吸作用，因此只有土壤中保持充足的空气和较高的温度、适合的湿度条件，才能保证呼吸作用的正常进行，促进增生新根，吸收养分，加速瓜苗的缓苗和发棵。如果定植过深，由于深层土壤中空气较少，温度低，不利于哈密瓜根系的生长，使缓苗期延长，幼苗生长慢。定植过浅，虽然空气和温度条件好些，但是由于营养土块（或营养纸袋）组织疏松，水分极易蒸发，定植或浇水后，营养土块会露在地面，容易失水变干，难于成活。适宜的定植深度，应该使瓜苗根系生长适合环境条件的各种要求，定植后瓜苗缓苗快，发棵早，能达到早熟、高产的栽培目的。

2. 定植方法

幼苗质量和定植方法对幼苗的成活和生育有直接关系，是保证齐苗和促进全苗的关键。为此，首先应淘汰病苗、弱苗，再按秧苗大小分级划片种植，使幼苗生长整齐，便于分别管理。

定植时要求不损伤根系，土块与土壤密接，随种随管，以促进生长。

营养钵育苗，带土定植，操作方便，成活率高，晴天早晨或午间均可进行。塑料钵苗在脱钵时应避免土块破碎伤根；纸钵苗在定植期间湿度大时，报纸易腐烂，移植时不必撕破纸袋，土壤干燥则应揭除底部并撕破，促根伸展；土钵苗易架空，穴应挖得大些、深些，并把土粉碎填满压实。定植深度适当，要求钵体埋入土中即可，过深则影响发根。定植后应浇 1～2 次定植水，使根系与大田土壤密接，以促进发根。定植后保持地表疏松，有利于发根。在瓜墩附近覆草、覆沙，注意封严挂穴地膜口可以增温保墒，促进幼苗生长，使覆盖地膜的效应更为显著。

哈密瓜苗的定植方法：

定植多选择在晴天上午 9 时至下午 3 时进行，具体操作方法是：先把小拱棚膜揭开，按株距划出定植穴位置，再用打孔器在定植穴中心破膜挖穴，定植穴的大小要与营养钵的大小相适应，然后向穴内浇注含有多菌灵药液的底水，待水分下渗后栽苗，覆土填实穴孔即可。但不要挤压土块和碰伤瓜苗。然后再浇足定根水，并在垄面插上小拱架，扣上小拱膜。

3. 定植注意事项

(1)定植前要整好地。整地要提前，最好在定植前 15d 就将地整好，并覆盖地膜，以便充分晒土，提高地温。

(2)定植时不要灌大水，以免降低地温。穴灌以定植瓜苗根系周围的土壤充分湿润为度，浇水后封穴。

(3)定植时应仔细操作，避免伤苗和伤根。

五、选择合适的栽培方式

现在常用的有爬地式栽培和立架栽培两种栽培模式。

(一)立架栽培

立架栽培是指使哈密瓜蔓沿着支架生长的一种栽培方式。立架栽培可以有效地提高土地利用率和空间利用率，增加密度，改善透光条件，提高产量，改善果形和商品性，它同样需要在大棚等设施栽培的条件下进行。

南方哈密瓜采用搭架栽培要做到“五个要”。

第一，要平畦密植。畦宽 1～1.3m，双行三角形定植。

第二，要搭架绑蔓。栽培时常用竹竿或尼龙绳为架材。架型以单面立架为宜，此架型适于密植，通风、透光效果好，操作也方便。架高 1.7m 左右，棚顶高 2.2～2.5m，这样立架上端距棚顶要留下 0.5m 以上的空间(称空气活动层),以利于通风透光,降低湿度,减少病害。

第三,要吊瓜落瓜。棚架栽培的果实长至 0.5～1kg 时,就应吊瓜。随着果实长大,自然松绑,让果实落地。

第四,要加强肥水管理。由于搭架栽培的密度大,产量高、需肥需水量比较大,因此,在栽培过程中必须相应增肥增水,才能满足其正常生育需要。

第五,要及时整枝去杈,剪除基部老叶,以改善通风透光条件,控制病害蔓延。

搭架栽培虽然具有病害轻、产量高等优点,但是投资大、费工多、技术较复杂。

(二)爬地式栽培

爬地式栽培即是将哈密瓜藤蔓沿地面铺放,顺势生长、开花结果的一种栽培方法,通常都采用双膜或三膜或三膜一苫覆盖,目前在生产上应用较为普遍。

据曾立红多年实践,认为大棚栽培哈密瓜以爬地栽培为好。曾立红通过立架栽培与爬地栽培两种栽培方式的比较,分析了不同栽培方式与小气候关系及对哈密瓜生长影响;比较了两种不同栽培方式的经济效益。

1.不同栽培方式对棚内小气候变化存在差异

(1)温湿度:两种栽培方式夜间温度与湿度的变化曲线几乎重叠,温、湿度差异不大;两种栽培方式白天的温湿度存在明显差异,爬地式栽培光照充足、通风好,日间温度比立架栽培高 2～4℃,平均高 2.05℃,湿度则低 2%～15%,平均低 8.22%。

这一发现始于 2011 年,曾立红在农科所邱隘基地开展南方哈密瓜不同栽培方式密度试验过程中观察到同一品种在二种栽培方式下病害发生存在明显差异,分析认为是由于栽培方式不同导致棚内小气候发生改变所致。于是决定在 2012 年作进一步研究。

2012年，曾立红选择了鄞州区农科所陆家堰基地的7连栋大棚内进行“不同栽培方式对棚内小气候变化影响”的试验。7连栋大棚单栋规格为长45m，宽8m，整栋棚采用膜网覆盖形式，试验选取南方哈密瓜新品种“红妃”。选择连栋棚中没有移门的两只棚，其中一只棚做爬地栽培（双蔓整枝单株2果），另一只棚为立架栽培（单蔓整枝单株1果），在二棚相同位置同等高度（80cm处）各悬挂一只DJL—18温湿光参数记录仪，设定每隔2h记录一次温度、湿度、光照，于果实膨大期后连续观测记录15d；果实成熟中期调查叶片大小（第10节）、叶片厚度、节间长、茎粗，两种栽培方式各查10株；果实成熟期考查果实性状，调查田间发病情况等。

结果发现不同栽培方式棚内温、湿度变化如下图6－1、6－2所示。

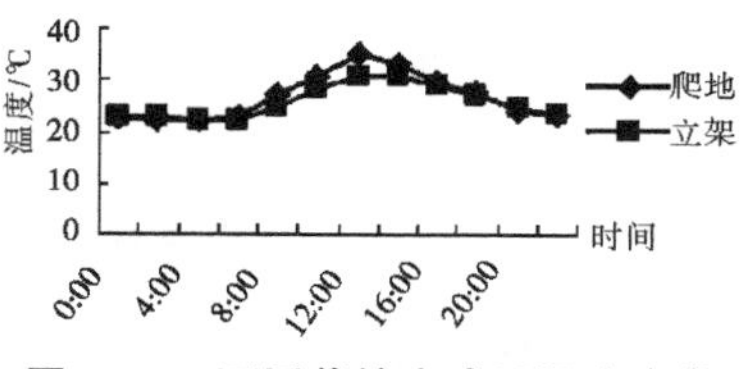

图6－1　不同栽培方式日温度变化

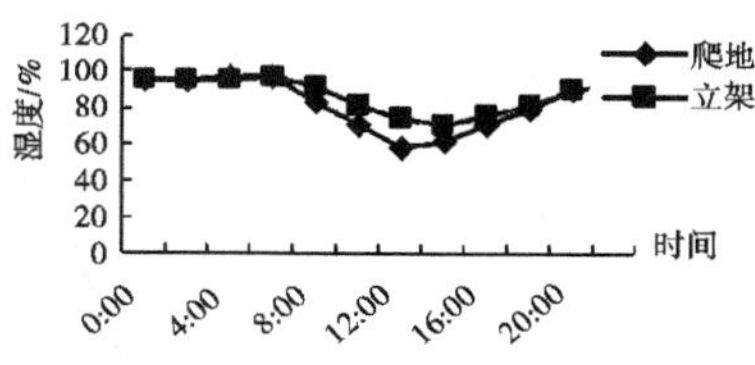

图6－2　不同栽培方式日湿度变化

从图6－1、图6－2看，两种栽培方式夜间温度与湿度的变化曲线几乎重叠，温、湿度差异不大，晚8时至早8时棚内温度处在22～25℃，平均温度分别为22.9℃、22.82℃，湿度分别为94.3%、94.66%，见表6－6。白天棚内湿度随着温度升高而下降，受不同栽培方式通风透光不同的影响，两种栽培方式白天的温、湿度存在明显差异，爬地栽培光照充足通风好，日间温度比立架栽培高2～4℃，平均高2.05℃，湿度则低2%～15%，平均低8.22%。两种栽培方式温度、湿度、光照比较见表6－6。

表 6-6 两种栽培方式温湿度光照比较

栽培方式	平均温度(℃)		平均湿度(%)		平均光照(lx)	
	白天	夜间	白天	夜间	白天	夜间
立架	28.50	22.90	78.91	94.30	28 053.12	70.93
爬地	30.55	22.82	70.69	94.66	131 314.78	3 409.27

观察记录时段:白天 8:00 至 20:00,夜间 20:00 至翌日 8:00

(2)光照:两种栽培方式下夜间 0 时至凌晨 4 时显示光照均为零,4 时以后,随着日出,两种不同栽培方式的日照差异越来越大,从下图 6-3 中可以看出,至早上 7 时左右,爬地栽培棚内光照快速增强,最强在 11 时左右,立架栽培则因光照角度,光线被遮蔽,所以光照增强要晚 2h。一天内,爬地栽培夜间平均光照强度是立架的 40.1 倍,白天为 4.68 倍。

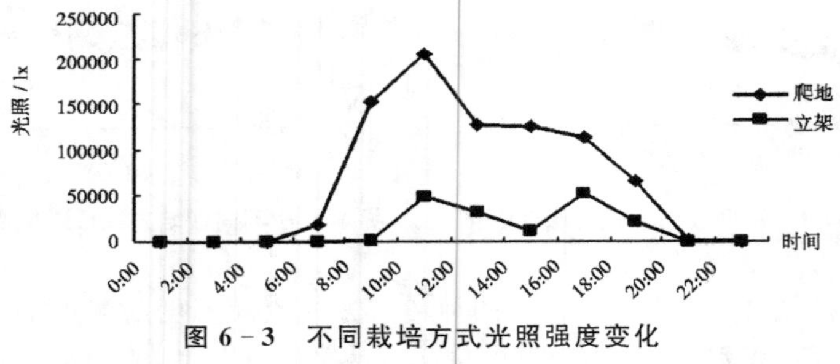

图 6-3 不同栽培方式光照强度变化

2. 不同栽培方式对植株生长影响明显

曾立红观察发现,不同栽培方式对植株生长存在一定影响,而且也比较明显。栽培方式对哈密瓜生长发育影响见表 6-7。

爬地栽培的叶色浓绿,叶片较立架栽培小但叶片厚;爬地栽培为孙蔓结果,所测主茎为子蔓,因而茎粗(0.95cm)比立架栽培略细 0.95<1.01cm,节间较立架的短 2.65cm,果实成熟较立架提早 2～3d,蔓枯病发病率为 0.66%,较立架栽培 9.81%低,且发病明显比立架栽

培晚。

表 6-7　栽培方式对哈密瓜生长发育影响

栽培方式	叶片大小（cm×cm）	叶片厚（mm）	茎粗（cm）	节间（cm）	果实成熟历时（d）	发病率（%）
爬地	18.05×23.11	0.50	0.95	28.1	43	0.66
立架	20.37×25.36	0.496	1.01	30.75	45	9.81

3. 不同栽培方式经济效益不一样

不同栽培方式经济效益不一样，见表 6-8 所示。

表 6-8　不同栽培方式经济效益比较

栽培方式	单果质量（kg）	含糖量（%）	产量（kg/亩）	产值（元/亩）	成本（元）		利润（元/亩）
					农资	人工	
爬地	1.63	15.09	1 703	12 772.5	3 250.0	1 350.0	8 172.5
立架	1.59	13.65	2 205	16 096.5	4 235.0	2 890.0	8 971.5

由表 6-8 可以看出，两种栽培方式果实大小比较接近，爬地栽培含糖量比立架高 1.44%。立架栽培的密度是爬地的 2.65 倍，但由于爬地栽培单株留 2 个果，故两种栽培方式每亩产量只相差 502kg。立架栽培的农资及人工比爬地栽培多投入 2 300余元，缩小了二者的利润差距，立架栽培每亩比爬地栽培纯利润高 799 元。

通过对比试验，曾立红认为：虽然“立架因立体生长、空间充足，因而通风好，植株接受光照面大，更有利于作物生长”。但也并不完全如此，“据上海气象研究所与浦东新区农技推广中心合作发表于《中国生态农业学报》的“不同栽培方式对温室大棚小气候因素及产量的影响”一文介绍：在晴天与多云时立架栽培比爬地栽培光照足、温度高、湿度低，阴天或雨天正好相反。

曾立红进行此项试验时，正值 5 月底～6 月中旬，此时宁波市处于“梅雨”季节，哈密瓜果实已趋成熟，由于哈密瓜忌高温高湿，喜强光照，棚内湿度高低对病害及裂果的影响很大。试验数据表明，立架栽培不如爬地栽培。因此，从鄞州区气象条件的实际出发，根据上述试验数据，进行综合评价，曾立红认为以推行爬地栽培方式为好。

第二节　定植后的肥水管理

一、施肥

1. 哈密瓜需肥规律

(1)哈密瓜不同生育期的养分吸收特性：哈密瓜在不同生育时期对三要素的吸收总量是不相同的，据戚自荣、胡嗣渊、裘建荣、张明方试验，从植株氮、磷、钾的吸收速度看(表 6－9)，生育前期养分吸收较少，随生育的推进，养分的吸收量逐渐增多，至成熟期达最大。氮的吸收量苗期(3 月 27 日前)仅占地上部总吸收量的 0.7%，伸蔓期(3 月 27 日至 4 月 18 日)占 25.7%，开花至膨瓜(4 月 18 日至 5 月 3 日)占 57.7%，膨瓜至成熟(5 月 3 日至 6 月 7 日)15.9%；磷的吸收量在苗期占 0.7%，伸蔓期占 18.4%，开花至膨瓜占 54.3%，膨瓜至成熟占 26.6%；钾的吸收量在苗期占 0.6%，伸蔓期约 19.7%，开花至膨瓜占 56.7%，膨瓜至成熟占 23%。

表 6－9　哈密瓜不同生育期对养分吸收的变化

日期(月/日)	氮吸收			磷吸收			钾吸收		
	亩总量(g)	速度(%)	强度(g/d)	亩总量(g)	速度(%)	强度(g/d)	亩总量(g)	速度(%)	强度(g/d)
03/27	32.75	0.7		5.01	0.7		48.34	0.6	
04/04	279.24	6.1	30.8	28.57	3.9	2.95	320.00	4.2	34.0

续表

日期(月/日)	氮吸收			磷吸收			钾吸收		
	亩总量(g)	速度(%)	强度(g/d)	亩总量(g)	速度(%)	强度(g/d)	亩总量(g)	速度(%)	强度(g/d)
04/18	1213.40	26.4	66.7	141.36	19.1	8.10	1 534.90	20.3	86.6
04/25	1955.00	42.5	105.9	247.60	33.4	15.20	2 658.40	35.2	160.5
05/03	3866.30	84.1	238.9	544.40	73.4	37.10	5 810.00	77.0	394.0
06/07	4598.50	100.0	20.9	741.60	100.0	5.60	7 548.10	100.0	49.7

植株对氮、磷、钾的吸收速度在各生育期有所不同，伸蔓期植株对氮的吸收明显快于磷、钾，膨瓜期对磷、钾的吸收要高于氮。

从吸收强度看，坐瓜后至膨瓜是氮、磷、钾的吸收高峰期。为哈密瓜一生中对氮、磷、钾最大吸收期。

地上部植株养分吸收量为钾＞氮＞磷，每生产 1 000kg 哈密瓜，需吸收 N 1.86kg、P 0.3kg、K 3.05kg，N：P：K＝1：0.16：1.64。

(2)哈密瓜不同器官中氮、磷、钾的消长变化：根据戚自荣等人的试验，哈密瓜一生中植株各器官对氮、磷、钾养分的吸收量以果实吸收所占比例最大，茎次之，叶最少。但不同生育期各器官对养分的吸收比例不同，坐瓜前氮、磷、钾养分主要集中在叶片，苗期叶片氮、磷、钾养分吸收量占同期总吸收量的 71.0%～83.8%，开花期降至 53.9%～71.3%；坐瓜后，随着瓜的形成、膨大、成熟，茎、叶中的氮、磷、钾养分往瓜中转移，至成熟期，叶片中的氮、磷、钾吸收量仅占同期植株总吸收量的 16.9%、13.4%、12.8%，而瓜中的氮、磷、钾吸收量占同期植株总吸收量的 48.4%、52.5% 和 43.2%。

(3)不同施肥量对植株生长发育的影响：根据戚自荣等人的试验，植株在伸蔓期的株高、茎粗、叶片大小及叶片数处理④、⑤、⑥

间相差不大,处理③、②、①间相差也不大,但处理④、⑤、⑥与处理③、②、①相差显著,说明施肥量提升到一定程度,再增加施肥量对植株的生长影响明显减少(表 6－10)。

表 6－10　哈密瓜不同施肥量处理对植株生长发育的影响

处理代号	株高(cm)		茎粗(cm)		叶片大小(cm×cm)		叶片数(片)	
	04/17	04/25	04/17	04/25	04/17	04/25	04/17	04/25
①	23.4	52.2	0.54	0.58	9.2×10.9	9.8×11.8	10.4	15.2
②	31.4	66.8	0.60	0.64	9.8×11.5	9.5×12.1	11.4	15.8
③	35.2	75.8	0.56	0.66	10.1×11.6	10.7×13.4	11.2	17.6
④	39.0	80.2	0.64	0.68	11.1×13.0	10.7×13.4	13.0	19.0
⑤	38.6	79.4	0.56	0.66	10.9×12.8	10.6×13.5	12.8	19.0
⑥	38.2	78.4	0.62	0.65	10.2×11.9	10.0×13.1	13.4	19.2

(4)不同施肥量对果实外观、品质的影响:根据戚自荣等人的试验,果实外观性状如表 6－11 所示,单果重以处理⑥的 1.70kg 最重,处理④、⑤次之,分别为 1.69kg 和 1.64kg,对照(处理①)1.15kg 为最小。瓜体大小以处理④、⑥最大,纵径以处理⑥的 19.8cm,横径以处理④的 14.2cm 为最大。纵径大小其次为处理④、③、⑤、②,最小为对照,处理④、⑤、⑥与处理③、②、①差异显著。横径各施肥处理间差异不显著,但与对照处理均达显著差异。

表 6－11　哈密瓜不同施肥量处理对果实外观、品质的影响

处理代号	质量(kg)	纵径(cm)	横径(cm)	皮最厚(cm)	皮最薄(cm)	中心可溶性固形物(%)	边缘可溶性固形物(%)	瓤最厚(cm)	瓤最薄(cm)	瓤色
①	1.15e	17.3c	12.5b	0.4	0.1	14.8	8	3.2c	2.2f	浅橘红
②	1.45d	17.5c	13.5a	0.3	0.1	15.0	8	3.7b	2.7d	浅橘红

续表

处理代号	质量(kg)	纵径(cm)	横径(cm)	皮最厚(cm)	皮最薄(cm)	中心可溶性固形物(%)	边缘可溶性固形物(%)	瓤最厚(cm)	瓤最薄(cm)	瓤色
③	1.57c	18.9b	13.7a	0.3	0.1	15.5	8	3.8b	2.9c	浅橘红
④	1.69a	19.5a	14.2a	0.3	0.1	15.5	9	4.2a	3.7a	浅橘红
⑤	1.64b	18.7ab	13.5a	0.3	0.1	15.5	9	3.8b	3.0b	浅橘红
⑥	1.70a	19.8a	13.9a	0.3	0.1	15.0	8	4.1a	3.5a	橘红

同样,果实内在品质由表6-11可知,果瓤以处理④的4.2cm最厚,其后依次是处理⑥、⑤、③、②、①,处理④、⑥与其他处理达差异显著。果瓤最薄处厚度依次是处理④、⑥、⑤、③、②、不同处理间皮厚薄、可溶性固形物及瓤色相差不大。

戚自荣等人的试验完全符合南方哈密瓜对肥料需求的一般规律:

(1)哈密瓜不同生育阶段对肥料的需求不同,坐果及果实生长盛期是哈密瓜一生中干重增加最大的时期,也是三要素吸收的高峰期,对氮、磷、钾的吸收量占全生育期吸收量的50%以上。变瓤期,则由于基部叶片老化等原因,吸收能力变差,对三要素的吸收量降低。果实生长期,这一时期营养供应是否充足,直接影响哈密瓜的产量。

(2)哈密瓜植株对氮、磷、钾的需求比例以钾最多,氮次之,磷最少。

(3)哈密瓜不同生育时期对氮、磷、钾需求比例也有所不同。坐果前的伸蔓、开花期,对氮的吸收量较多,至果实膨大期达吸收高峰;生长前期对钾的吸收量较少,至坐果期钾的吸收量急增;磷的吸收,在生长初期较高,高峰出现较早,伸蔓期趋于平缓,果实膨大期吸收量降低。

另有试验证明,哈密瓜植株不同器官中氮、磷、钾含量差异也较大。叶片中氮含量高,钾较少;而茎中则以钾为高,氮较少。随着株龄的增长，茎叶中磷的相对含量略有增加，氮略有减少，钾明显减少；子房膨大、果实发育期，钾含量急剧增加，这说明果实膨大期需要较多的钾素营养。

2. 氮、磷、钾对哈密瓜产量、品质的影响

氮、磷、钾是哈密瓜生长的三要素，对哈密瓜的生长发育具有不可取代的重要作用，氮是构成叶绿素的主要成分，增施氮肥能提高哈密瓜叶片中叶绿素的含量，加速植株的茎叶生长，提高植株光合作用的能力，促进果实膨大，提高产量。植株缺氮时，植株生长缓慢，个体矮小，叶色变黄。但氮肥过量则引起植株徒长，坐果困难，果实成熟期延迟，果实含糖量下降。磷在植株体内参与细胞分裂，能量代谢、糖分转化等多种重要生理活动。磷能促进根系生长，且与花芽的分化有关，故应注意增加苗期生长前期磷的供应，提高幼苗抗逆性，增加果实中糖分积累。钾能促使植株生长健壮，增强植株的抗性，增进哈密瓜的营养物质的运输能力，改善果实品质。增施钾肥对提高果实含糖量，增加果肉着色，提高植株抗病性有明显效果。

有关试验表明：在合理施氮范围内，哈密瓜产量随氮肥施用量增加而增加。增加钾肥施用量，能增加哈密瓜对氮、磷的吸收利用率，在相同的氮肥水平下，钾肥可提高每 1kg 氮素的产瓜量。如氮与钾的用量比由 1∶0.5 升为 1∶1 时，每 1kg 氮肥的产瓜量由 90kg 提高到 110kg。但在施钾量一定的条件下，过量增施氮肥会降低产量。这表明在生产中增加氮肥用量时，应相应提升钾肥的施量，才能有良好的增产效果。

有关试验结果还表明，钾肥无论与其他肥料配合施用或单独施用，对哈密瓜果实糖分积累和果实含糖量提高均有明显促进作用，但在不同生育时期，钾对增加果实含糖量的效果是不相同的。

不同氮源肥料对哈密瓜的品质有不同影响，尿素、硝铵对果实含糖量影响较小，而硫铵、碳铵对果实品质影响较大。

从栽培的角度出发，不同生育期的施肥种类及其比例应有所

不同。前期从促进根系生长考虑应以磷肥及速效氮肥为主，氮、磷、钾的比例为 1∶2∶0.5；伸蔓以后应控制氮肥的施用，避免营养生长过旺，氮、磷、钾的比例是 1∶1∶0.5；坐果以后为了促进果实的膨大，应以速效氮肥为主，并增加钾肥的施用量，氮、磷、钾的比例为 2∶0∶1。

戚自荣等对不同施肥量对产量和经济效益的影响进行了分析[7]：从表 6－12 可以看出，亩产量以处理⑥的 1 890.1kg 为最高，其次为处理④和处理⑤，但三者之间相差不大，差异不显著；以后依次为处理③和处理②，分别为 1 712.2kg 和 1 608.4kg，最低为对照。处理④、⑤、⑥与处理③、②、①均达差异显著，说明亩施肥量达到 60kg 后，随着施肥量的增加，产量不再有明显的增加。从净利润看，每亩经济效益以处理④最高，为 8 451.2元，其次为处理⑥和处理⑤，分别为 8 340.6元和 8 017.6元，对照最低为 5060.0 元。

表 6－12　不同施肥量处理对产量的影响和经济效益分析

处理代号	产量(kg)	产值元	成本(元)		纯利润(元)
			肥料	其他	
①	1260.0d	7560.0	0	2500	5060.0
②	1608.4c	9650.4	100	2500	6050.4
③	1712.2bc	10273.0	200	2500	7573.0
④	1875.2ab	11251.2	300	2500	8451.2
⑤	1819.6ab	10917.6	400	2500	8017.6
⑥	1890.1a	11340.6	500	2500	8340.6

注：肥料为挪威产复合肥 5 元/kg，哈密瓜价格为 6 元/kg，其他成本包括大棚折旧、农膜、农药、用工等，表中单位面积以 1 亩（667m^2）计算

3.追肥原则

控制哈密瓜中硝酸盐的过多积累，是无公害哈密瓜生产的关

键。哈密瓜积累硝酸盐的根本原因在于对氮肥尤其是硝态氮的吸收量超过同化量，因此，改进追肥技术，特别是控制化学氮肥的用量能有效控制硝酸盐积累，实现优质高产。

(1)合理确定追肥的种类与用量：追肥是作物生长期内施用的肥料，主要是为了解决作物需肥与土壤供肥之间的矛盾，追肥是协调作物营养的重要手段。追肥要合理，要根据需要使用，不能滥用。追肥的种类，选用的追肥品种、用量要根据哈密瓜不同生育期确定。哈密瓜禁止使用含氯的化肥为追肥。无公害生产还应禁止使用硝态氮肥为追肥。碳酸氢铵适应性广，不残留有害物质，但施用时要尽量避免挥发损失，防止氨气毒害作物。尿素、硫酸铵也都是哈密瓜无公害生产允许使用的氮素肥料，生产上应根据实际情况选择应用。

(2)辅助使用复合微生物肥料：复合微生物肥料是一种新型的肥料，它包括了组成此肥料的有机肥与微生物肥料及其他适量化肥。其中微生物肥料包括根瘤菌肥、固氮菌肥、磷细菌肥、硅酸盐细菌肥、复合微生物肥、光合细菌肥等。微生物肥可扩大和加强作物根际有益微生物的活动，改善作物营养条件，是一种辅助性肥料。使用时应选择国家允许使用的优质产品。

此外，氨基酸微肥、腐殖酸微肥等也可供生产的实际需要选择使用。

(3)科学施肥：科学施肥包括很多内容：

一要根据土壤条件科学施肥。一般肥沃土壤，俗称“饿得、饱得”的地块，施肥量宜少，施肥次数也可以少些；“有前劲而后劲不足”的土壤，施肥时要注意少量多次施用，尤其应注意防止哈密瓜后期脱肥早衰；“有后劲而前劲不足”的土壤，应注意前期施用速效氮肥作基肥，起提苗发根的作用；要根据哈密瓜生育需要，氮、磷、钾三要素配合，适期、适量施用，做到：①氮素营养要适量，前期应适当控制，防止用氮过量，造成徒长、减少结果、降低品质，试验结果表明，在施有机肥料的基础上，以每1亩施18kg标准为宜，不宜多施；②磷肥应早施，以促进根系的生长，花芽分化，并有利于提高幼苗的抗寒力，有利于发根。试验表明：增施磷、钾肥料，可使果实相对含糖量提高；③施用钾肥可显著提高产量，改善品质。据前人研究：大棚哈密瓜增施硫酸钾可提高产量、提高可溶性固形物，增加蔗糖、总糖的含量。

二要实施“两个结合”，“三个看”。“两个结合”是指：①有机肥与化学肥料相结合，有机肥与无机肥纯养分比例不能少于 1∶1。有机肥含有的氮、磷、钾三要素成分比较全面，施用后植株的长势稳，并能提高果实的品质。如果忽视了有机肥的施用，单纯施用化肥，会造成土壤中有机质含量降低，土壤结构破坏。但由于有机肥的有效成分较低，肥效比较慢，因此应根据哈密瓜的不同生育期配合速效化肥的施用，以满足哈密瓜生长和结果的需要。②基肥与追肥相结合。基肥是以厩肥、土杂肥为主的长效肥料，供哈密瓜全期的吸收利用，对保持植株的生长势，提高抗逆性，防止早衰有重要意义。追肥则是根据不同生育期的需要随时补足的肥料，二者不可偏废。哈密瓜一生中除施基肥外，还要进行多次追肥。“三个看”是指看天、看地、看苗施肥。在保肥力强的肥沃土壤上，基肥的比例可以大些，追肥次数可以减少；保肥能力差的土壤上，基肥的施用比例应减少，而追肥的次数应增加。哈密瓜的追肥次数还应根据瓜秧的长相来确定，如苗期生长势弱时，可增加一次提苗肥，如生长期间没有缺肥的迹象，也可以不施。

三要实施配方施肥。配方施肥，即根据哈密瓜营养生理特点、吸肥规律、土壤供肥性能及肥料效应，确定有机肥、氮、磷、钾及微量元素肥料的适宜量和比例以及相应的施肥技术，做到对症配方。配方施肥应先确定目标产量，并分析当地土壤的养分含量，确定肥料的品种和用量，基肥、追肥比例，追肥次数和时期，根据肥料特征采用的施肥方式等。配方施肥是无公害哈密瓜生产的基本施肥技术。

配方施肥的具体应用，可参考有关配方施肥的专著及专题文献。

4. 追肥方法

(1)轻施苗肥:在充分施足基肥,土壤肥力较高的情况下,苗期不用追肥,早熟品种也可不追肥,瘠薄土地和中晚熟品种可在苗期2～3片真叶间定苗时,亩施速效化肥如尿素3～5kg,此次施肥为提苗肥。

定植至伸蔓前,再施稀薄肥(如稀人粪尿)2～3次,每次每亩用量200～300kg,松土后施用效果更佳。苗期阴雨,可在幼苗四周施少量尿素,每亩约施1kg。苗期追肥切忌施用过多和过于靠近根部,以免伤根而形成僵苗。

(2)巧施出藤肥:开始延蔓后,可在距根部约50cm处开沟,深约15cm,每亩施三元复合肥10～15kg,硫酸钾5kg。施后与土拌匀,垫沟,踏实。

(3)重施结果肥:当田间植株基本上已坐果,幼果有鸡蛋大小时施用,为促进果实的膨大,可亩施三元复合肥10kg左右。具体施法是:将复合肥溶于水中,用软滴管滴施,1周后施第二次膨瓜肥,用量减半。此外,可用2%～3%的过磷酸钙浸出液,或0.5%尿素和0.2%磷酸二氢钾混合液做根外追肥喷施。

二、水管理

1. 完善水管理设施

大棚哈密瓜常用的灌水方法有沟灌、浇灌、渗灌、滴灌等。滴灌是新型的灌溉方式,统称微灌技术。

【滴灌系统的特点】

滴灌技术是通过干管、支管和毛管上的滴头,在重力和毛细管的作用下使水(或肥水)一滴一滴均匀缓慢地进入土壤滴入作物(哈密瓜)根部附近的一种灌溉系统。这能使作物主要根区的土壤经常保持最优含水状态,是一种先进的灌溉方法。

滴灌具有以下优点。

(1)省水。滴灌是一滴一滴灌入植株根部,仅湿润植株根部,可避免发生地表径流和渗漏，减少水分蒸发，提高水资源利用率。

(2)省工、省力。滴灌灌水，可以实行全自动或半自动灌水，灌水效率高，减少用工，减轻劳动强度。

(3)改变田间小气候，提高灌溉质量。滴灌可以做到适时、适量、适速灌水，有利改变土壤中的固、液、气三相比例，土壤不易板结，土质保持疏松，团粒结构好，有利根系生长。大棚哈密瓜滴灌还可以降低土壤湿度和棚内空间相对湿度，减轻病害发生。而且，滴灌灌水只湿润根系附近土壤，其余部分保持干燥，可以减少杂草生长。因此，滴灌灌溉增产作用明显。

(4)可与追肥相结合，并可节省肥料。结合滴灌进行施肥，可以减少养分流失，提高肥效，减少肥料用量，降低成本。滴灌虽有许多优点，但滴灌需要一定的设备，一次性投入成本较高。

【滴灌系统的分类】

(1)固定式滴灌系统。这是最常见的。在这种系统中，毛管和滴头在整个灌水期内是不动的，其用量很大，设备投资较高。

(2)移动式滴灌系统。塑料管固定在一些支架上，通过某些设备移动管道支架。另一种是类似时针式喷灌机，绕中心旋转的支管长200m，由五个塔架支承。以上属于机械移动式系统。人工移动式滴灌系统是支管和毛管由人工进行昼夜移动的一种滴灌系统，其投资最少，但不省工。

【滴灌装置及其设置】

滴灌系统主要有控制首部、输水管路和滴管3部分组成。

(1)控制首部：包括水泵(及动力机)、化肥罐过滤器、控制与测量仪表等。其作用是抽水、施肥、过滤，以一定的压力将一定数量的水送入干管。

(2)输水管路：包括干管、支管、毛管以及必要的调节设备(如压力表、闸阀、流量调节器等)。其作用是将加压水均匀地输送到滴头。

(3)滴管：滴管是滴灌系统的出水部分，滴管上安装滴头，滴头的作用是使水流经过微小的孔道,滴入土壤中。

【建设微灌系统应注意的问题】

(1)设计、安装、管理该系统要规范,装配要正确,防止漏水。

(2)使用该系统,要经常检查是否破损、漏水,要保持水质清洁,经常清洗过滤器和喷头、滴管、输水管道等。

(3)使用过程中要经常检查水压。水压太小,滴水(喷雾)慢,工作范围小;水压过高,水管易破损。正常的水压以0.1～0.2MPa为宜。

(4)用于施肥时,肥液浓度应控制在0.1%～0,2%,不能太高。

2.水分在哈密瓜生长发育和生理活动中的作用

水是哈密瓜的重要组成部分,按鲜瓜重计算一般水分含量占鲜瓜重的90%～92%。水分对哈密瓜的生长发育,特别是生理活动起决定作用。水是细胞原生质的主要成分之一,水参与哈密瓜体内许多重要的生物化学反应,如光合作用、呼吸作用和有机质的合成与水解过程等;水是重要的溶剂和介质,如哈密瓜根从土壤中吸收营养物质的过程,就是由水分饱和的根毛细胞通过原生质胶粒的水膜而实现的,植株体内很多生化过程只能在水溶液里才能进行,同化产物和矿质元素的运输要以水为载体。水分可以保持植株组织处于紧张状态,使各器官维持一定的形态。水对植株体温起稳定作用。

哈密瓜种子在发芽前,细胞原生质胶体呈凝胶状态,很不活跃,经浸种催芽后,物质转化,呼吸加强。萌芽时,胚根的生长对水分的要求更为严格,胚只有在水分充分饱和与其他条件配合下才开始发芽。哈密瓜发芽期要求有较高的土壤湿度,一般要求达到80%～85%。哈密瓜根毛的吸水力很强,特别是在膨瓜期,细胞体积的扩大更需要大量水分,缺水时,膨瓜期过早结束而进入成熟期。

3.根据哈密瓜水分的需求规律合理补充水分

哈密瓜的不同生育期对土壤含水量要求不同,大体是生长前期较低,伸蔓期需水量增加,而在果实膨大期水分需求更多。哈密瓜的给水应“看天、看地、看苗”综合考虑。

哈密瓜的水管理，一般应掌握以下原则。

（1）前期控制浇水，生长中后期适时适量灌（浇）水。生长前期特别是在地膜覆盖栽培的情况下，由于地膜具有良好的保墒作用，加之幼苗需水量少，故在苗期一般不用补充水，生长前期也应少补水，更不能漫灌或沟灌，如出现旱象，可浇小水。育苗移栽时，如底水不足，在浇定植水后，次日再浇一次稳苗水。

进入团棵时，结合追团棵肥进行浇水，伸蔓期的灌水掌握土壤“见湿见干”的原则，即早晨看土壤潮湿，中午变干发白，经晚上返潮后，第二天早晨土壤仍然潮湿，则不浇水；伸蔓末期、临近开花时控制灌水；生长中后期，即进入果实膨大盛期后，哈密瓜果实需水量大大增加，同时，此时由于气温升高，地面蒸发量和叶片的蒸腾量都明显增大。因此，这段时间必须确保供给充足的水分，以促进果实发育。如此时缺水受旱，则将严重影响哈密瓜的产量。在具体做法上，应在哈密瓜退毛时，结合追膨瓜肥浇 1～2 次膨瓜水，并经常保持土壤湿润；哈密瓜定个后控制浇水；收获前 15d 停止灌水，以提高哈密瓜品质。

（2）不过量灌（浇）水：哈密瓜在土壤湿度低于最大田间持水量的 48%时，即发生旱象，但土壤含水量又不能太高，因为哈密瓜根系不耐涝，灌水多时会降低根系的活力，甚至造成烂根。

（3）选择适宜的灌（浇）水时间：灌（浇）水时间应慎重选择，特别是高温期，应在清早、傍晚或夜间进行，避开日中午高温，以免引起根系损伤、蔓叶萎枯。早晚浇水可改善田间小气候，加大昼夜温差，有利光合物的积累和糖分的运输转化。

（4）根据气候、土壤、植株长相灵活掌握

看天：雨前 3～5d 停止灌溉。

看地：沙壤土增加浇水次数，小水勤浇；黏壤土则适当增加浇水量，并延长间隔时间。

看苗：中午前后如苗期植株先端幼叶向内并拢，叶色加深为缺水；幼叶向下反卷或瓜蔓先端上翘为正常；叶缘变黄为浇水过量。

成株后则按叶片的萎蔫情况来判断植株的缺水程度，确定是否需要浇水及浇水量。

哈密瓜生育期间水的补充与供应一般都应通过事先设置好的三级滴灌系统予以实施。三级滴灌系统分主渠（与河道相通）、二级沟渠及田间滴管系统。

3. 适时排水

宁波地处浙东沿海，哈密瓜生长季节降水量偏多，因此必须十分重视雨后的排水工作。在汛期到来之前，要做好瓜田通往各级沟渠的疏通工作，暴雨天应及时排涝，做到雨停后沟内不积水。如果排水不良，土壤中含水量高，通气性差，哈密瓜根系的呼吸作用受到抑制，会使根毛腐烂，吸收机能遭到破坏，造成沤根和减产。据调查，当 7～8 月高温期，哈密瓜地内若积水 12h，瓜根即产生木质化现象；如果积水 5d，则根系的皮层完全腐烂。

哈密瓜生育期间，瓜田积水的排放一般都通过事先设置好的排水沟渠予以排放。

三、整枝

整枝是哈密瓜栽培中重要技术措施。哈密瓜必须根据品种的结果习性，通过整枝促进早坐果，提高产量。

1. 整枝目的

（1）促进植株早结果。哈密瓜品种之间的结果习性不同，通过打顶、疏蔓等整枝措施，既可促进植株早结果，又可保证果实发育有足够的营养面积。

（2）调节植株体内营养分配。瓜类果实的形成，要不断地供给并积累营养物质，茎蔓生长、叶片发育同样要消耗大量养分。而坐果前营养物质又有集中输向顶芽和侧芽的特点，造成营养分散。通过整枝可在结果前使植株营养集中于结果蔓，形成饱满健壮的结果花，又可在结果后，使养分集中于生长的果实。

（3）改善通风透光条件：通过整枝使植株上的叶片不致互相重

叠或造成郁蔽，并能充分利用和接受阳光，使植株生长健壮，减少病害，也有利于昆虫寻花传粉。

(4)便于管理。整枝后，植株茎蔓主次分明，排列整齐，有利于田间管理。

(5)有利于合理密植。通过整枝，茎叶排列有序，有利于合理密植。

2.整枝形式

因品种、土壤肥力、种植密度和栽培习惯的不同，哈密瓜有多种整枝形式。

(1)单蔓整枝：单蔓整枝也叫一条龙整枝法。单蔓整枝，又可分为母蔓作主蔓的单蔓整枝和子蔓作主蔓的单蔓整枝。母蔓作主蔓的单蔓整枝，母蔓苗期不摘心，在一定节位的子蔓上坐瓜，而将其他的子蔓全部除掉；子蔓作主蔓的单蔓整枝，是母蔓4～5片真叶时摘心，促发子蔓，在基部选留一条健壮的子蔓，将其余的子蔓去掉，利用孙蔓坐瓜。以子蔓作主蔓整枝时，主蔓基部1～10节上着生的侧芽在抽生后长至10～15cm时摘除，只选留11～15节位上生出的侧蔓坐瓜。而母蔓作主蔓整枝时，春季宜在14～16节留瓜，大型中晚熟品种以15～17节结果为好。对无雌花的侧枝及时打去。主蔓长到22～28片叶时打顶，若采取多层次留瓜栽培，可在主蔓的最上端留一侧芽，其余不结瓜的侧蔓全部抹去。单蔓整枝适用于立架栽培。主蔓结果的早熟品种，主蔓晚摘心(27～30叶)，选取12～15节子蔓。

(2)双蔓整枝：母蔓4～5片真叶时摘心，促发子蔓，从中选择长势好、部位适宜的两条子蔓留下，让其生长，抹去子蔓基部1～6节位上生出的孙蔓(侧芽)，选择子蔓第7～11节上的孙蔓坐瓜，有雌花的孙蔓留1～2片叶摘心，无雌花的孙蔓也在萌芽时抹去，每条子蔓生长到20片叶时打顶，最后每株留两个瓜。双蔓摘心整枝法产量较高，适合爬地栽培或大拱棚春秋季栽培，但瓜的成熟期稍晚，且成熟期也不太集中。

(3)三蔓整枝:主蔓5～6叶摘心,选留适宜子蔓3条,子蔓6～8叶摘心,孙蔓于雌花前2～3叶摘心,如枝叶密集,可酌情疏除不结果的孙蔓,每株留50片叶左右;最后留2～3个瓜。此整枝形式适宜用于爬地栽培。

(4)多蔓整枝:适于孙蔓结果为主的品种,主蔓4～6叶时摘心,从长出的子蔓中选留长势较好的结实孙蔓3～4条,除去无瓜枝蔓,结果枝果前留2～3叶摘心。此形式常用于爬地栽培。

整枝时要注意以下事项。

(1)整枝强度应适当,应以轻整枝为原则,根据分枝数、田间覆盖率灵活掌握,不必拘泥于一定的形式。整枝强度过大,影响根系的生长,是造成坐果期凋萎的主要原因之一。

(2)要分次及时进行整枝。因为地上部的生长与根系的生长是互相影响和互相制约的关系,整枝过早抑制根系生长;过晚,摘除的枝叶量多,白白消耗了植株的营养,达不到整枝的目的。一般在主蔓长50～60cm时进行,摘除叶腋发出的侧枝,侧枝长10～15cm时摘除,其后3～5d进行一次,共2～3次。

(3)坐果以后不再整枝。哈密瓜坐果后植株长势趋向缓和,果实已成为养分分配的中心,不存在长势太旺的问题。另一方面,新抽生侧枝上的叶片所制造的同化产物,对果实膨大能起积极作用,增加后期坐果的可能性。

(4)在整枝过程中要防止病害传播。一般要先整健株,后整带病株,同时要做好操作人员的手和整枝工具消毒工作,并将整枝后的枝蔓集中统一销毁,防止病菌传播。

(5)选择适宜的操作时间。一般多在早晨露水干后进行。

3.理蔓

当瓜蔓长至50～60cm时,要进行理蔓,使茎叶在瓜畦上分布均匀,不重叠,使其受光均匀,通风好,能起到既提高光合作用,又能抑制或减轻病害的发生与蔓延作用。

四、人工授粉

1.人工授粉的意义

哈密瓜是雌雄同株异花植物，是典型的虫媒花，开放时间很短，一般是清晨开花，午后闭花，次日不再开放。未受精的雌花次日仍能开放，但很少能授粉结实。特别在大棚栽培的条件下，由于虫煤传粉的机会很低，冬春栽培，外界传粉昆虫不活跃，进入大棚内的机会很少。秋季栽培，由于要防病毒病，一般采取更为严格的纱网隔离措施，在这种情况下，昆虫更难从外部进入棚内。

采用人工辅助授粉可以有效地解决这个问题，提高哈密瓜授粉的几率。

2.人工授粉的方法

在哈密瓜植株上，一般是雄花先开，雌花后开，开花温度为18℃以上，开花后2h内雄蕊花粉的生活力最强，授粉坐果率最高。人工授粉一般冬春季9点以后开始，夏秋季8点开始，气温升至20℃以上时进行，阴天可适当延迟。授粉时，摘取当天新开的雄花，确认已开始散粉，即可将雄花花冠摘除，露出雄蕊，往结果花的柱头上轻轻涂抹。若雄花不足，一朵雄花可涂抹3～4朵雌花。也可用软毛笔逐一抹雌花，以达到辅助授粉的目的。通常情况下，应尽可能在上午结束当天的授粉工作。哈密瓜开花时，如果夜温低于15℃或遇连阴雨天，则会影响授粉，严重时可导致落花落果。目前，生产上常用的辅助授粉药剂是强力坐瓜灵，对促进坐瓜和瓜胎的生长效果较好，使用坐瓜灵的浓度因气温、品种而异，使用不当很容易产生畸形瓜。如果天气好，温度适合时，尽量不用激素处理为好。

五、留瓜疏果

1.留瓜

(1)留瓜个数：留瓜个数应根据品种、整枝方式、栽培密度等条件而定。早熟品种可多留果，晚熟品种少留果，单蔓整技少留果，双蔓整枝多留果，栽培密度大时少留果，密度小时多留果。大棚冬春栽培可2次或3次留果，夏秋季栽培只留1次果。早熟小果型品种进行双蔓整技时，一般每株留2～4个果，单蔓整枝每株一次留1～2个果，中晚熟大型品种一般每株一次留1个果。留瓜数与果实产量、品质等关系密切，留瓜数增多时，一般产量可提高，但果实往往变小，含糖量下降，商品率降低，而且容易发生坠秧现象，造成植株早衰。实践证明，适当密植，单株少留瓜是实现早熟、优质和高产的有效方法。不能片面追求高产而忽视果实的商品质量。

(2)留瓜节位：留瓜节位的高低，直接影响果实大小、产量高低及成熟迟早等。如果坐瓜节位低，则植株下部叶片少，或雌花本身发育不良，果实发育前期养分供给不足，使果实纵向生长受到限制，而发育后期果实膨大较快，因而果实发育小且扁平。在营养体小、茎叶未充分生长前坐瓜，会发生坠秧现象，使生长中心转变，茎叶生长不良，影响产量和品质。如果坐瓜节位过高，则瓜以下叶片较多，上部叶片少，有利于果实的初期纵向生长，而后期的横向生长则因营养不足而膨大不良，出现长形的果实。故在茎蔓的中部留瓜，果实发育最好。生产实践及试验证明，大棚栽培的哈密瓜适宜留瓜节位在13节左右，坐瓜节位以上留10～15片叶，坐瓜节位以上留叶少时，果实早熟，但果实较小。

(3)留瓜方法：当幼瓜生长到乒乓球大小时即可选留瓜。留瓜过早，则难以确定是否坐住瓜或幼瓜的优劣。留瓜过晚，则会使植株消耗大量养分。选留瓜的原则及顺序如下：

第一步，先选择发育正常、颜色鲜亮、果形稍长、果柄粗壮的幼瓜，将畸形果、小果剔除。第二步，在选中的瓜中，如果大小相近则选留晚授粉的，摘除早授粉的。第三步，同时授粉而瓜大小相近时，则选上节位的，淘汰下节位的。

如果选留两个瓜时，一定要选大小相当、位置相近、授粉时间相同的瓜，以防长成的果实一大一小。田间选留幼瓜可分次进行。

留瓜后将末选中的瓜全部摘除。

2. 疏瓜

一株哈密瓜可着生 6～10 个幼瓜。在哈密瓜生产中，为了提高商品率，保证瓜大而整齐，一般每株只留一两个瓜。不留的瓜胎何时摘掉，要根据植株生长情况和所留幼瓜的发育状况而定。

一般说来，凡不留的瓜胎摘去的时间越早，越有利于所留瓜的生长，也越节约养分。但事实上，有时疏瓜(即摘去多余的瓜胎)过早，还会造成已留的瓜化瓜。在新瓜区常常遇到这种情况：不留的瓜胎已经全部摘掉了，而原来选好的瓜又化了。如果再等到新的瓜胎出现留瓜，不仅季节已过，时间大大推迟，而且那时植株生长势也已大为减弱，多数形不成商品瓜。但有些老瓜区接受了疏瓜过早的教训，往往又疏瓜过晚，不但造成许多养分的浪费，同时还影响了所留瓜的正常生长。

最适宜的疏瓜时间，应根据下列情况确定：①所留瓜胎已谢花 3d，子房膨大迅速，瓜梗较粗，而且留瓜节位距离该瓜蔓顶端的位置适宜，例如 45～50cm。②所留的瓜已退毛后，即在开花后 5～7d，子房如鸡蛋大小，绒毛明显变稀。③不留的瓜胎应在退毛之前去掉。上述三种情况，在生产中可灵活掌握，一般应选留主蔓第二雌花(15～17 节)上坐的瓜，如主蔓上留不住时，可在侧蔓上留瓜。

六、护瓜整瓜

护瓜整瓜包括松蔓、垫瓜、翻瓜和荫瓜等。

1. 松蔓

当果实生长到拳头大小时(授粉后 5～7d)，将幼瓜后蔓上压的土块去掉，或将压入土中的秧蔓提出土面，以促进果实膨大。

2. 垫瓜

哈密瓜开花时，雌花子房大多是朝上的，授粉受精以后，随着子房的膨大，瓜柄逐渐扭转向下，幼瓜可能落入土块之间，易受机械压力而长成畸形瓜，若陷入泥水之中或沾污较多的泥浆，会使果实停止发育造成腐烂。因此，应垫瓜。

垫瓜即在幼瓜下边以及植株根节附近垫以碎草、麦秸或细土等。垫瓜可使果实生长周正，防止雨水浸泡，同时也有一定的抗旱保墒和防病作用。

3. 翻瓜和竖瓜

翻瓜即是指不断改变果实着地部位，使瓜面受光均匀，皮色一致，瓜瓤成熟度均匀。翻瓜一般在膨瓜中后期进行，每隔 10～15d 翻动 1 次，可翻 1～2 次。翻瓜时应注意以下几点：第一，翻瓜的时间以晴天的午后为宜，以免折伤果柄和茎叶。第二，翻瓜要看果柄上的纹路（即维管束），通常称作瓜脉，要顺着纹路而转。不可强扭。第三，翻瓜时双手操作，一手扶住果尾，一手扶住果顶，双手同时轻轻扭转。第四，每次翻瓜沿同一方向轻轻转动，一次翻转角度不可太大，以转出原着地面即可。

竖瓜是指在哈密瓜采收前几天，将果实竖起来，以利果形圆整，瓜皮着色良好。

4. 荫瓜

夏季烈日高温，容易引起瓜皮老化、果肉恶变和雨后裂果，可以在瓜上面盖草，或牵引叶蔓为果实遮阴，避免果实直接裸露在阳光下，这就是荫瓜。

第七章　哈密瓜的配套栽培技术

第一节　哈密瓜的嫁接栽培

一、嫁接的意义

所谓嫁接是指利用同科的葫芦、瓠子、南瓜等具有抗土传病害特性的植物作砧木，以哈密瓜苗或枝条为接穗，进行嫁接育苗，成活后再移栽到田间的一种栽培方法。

嫁接栽培对增强哈密瓜植株，提高哈密瓜的抗逆性及产量，促进哈密瓜的基地化生产及绿色产品生产具有十分重要的意义。

哈密瓜嫁接栽培有八大好处：

1.克服连作障碍，提高土地利用率

温室大棚连年种植哈密瓜，会使土壤积盐和有害物质逐年增多，导致病害、虫害逐年上升，使产量和品质下降。应用嫁接技术后，因砧木的野生性较强，抗逆性较强，可避免土壤积盐和有害物质对哈密瓜的伤害，增强被嫁接哈密瓜抗逆性，同块土地种植的年份相对延长，从而提高了土地的利用率。

2.防止根茎病害的发生

瓜类枯萎病、根腐病、萎蔫病，是哈密瓜的致命病害。一旦发病，就会造成减产甚至绝收。通过嫁接就能很好地防止这类病害的发生，有利于同块土地连茬种植。据试验，嫁接后这类病害发生率几乎为零，而未嫁接的哈密瓜年发病率可高达30%～50%。

据徐兰、顾海峰、金春英等试验，以新疆的“仙果”和“雪里红”

为接穗，白籽南瓜为砧木的嫁接栽培与自根苗栽培相对比，嫁接栽培的哈密瓜因南瓜砧木有较强势的根系，不仅植株生长势总体上强于自根苗，而且在植株抗病性上明显优于自根苗，嫁接的“仙果”在膨果期未发生根茎部病害，嫁接的“雪里红”根茎部病害的发病率明显小于自根苗。

表 7-1　嫁接栽培与自根苗发病情况比较

品种	处理	总株数	病害情况	根　茎 发病率(%)	病毒病 发病率(%)	白粉病 发病率(%)
仙　果	自根苗	808	13 株病毒	—	1.61	普发
	嫁接苗	115	9 株病毒	—	7.83	普发
雪里红	自根苗	788	16 株死	2.03	—	普发
	嫁接苗	118	1 株死	0.85	—	普发

3. 提高产量

哈密瓜嫁接栽培后，生长速度比哈密瓜自根苗快，茎蔓粗壮、伸蔓快、功能叶面积大，植株生长旺盛、生长量大，同化效率高，根系发达不易衰老，产瓜时间长，增产效果明显。

据徐胜利、陈小青、赵书珍、刘沙莎试验，4 种嫁接方法都有较强的亲和性，在无土育苗条件下，嫁接苗成活率均在 95%以上，田间防效达到 95.4%以上，无土育苗嫁接比有土育苗嫁接效果好。嫁接哈密瓜比自根哈密瓜增产 75.9%～112.3%，特别是后期产量增产效果十分明显。

4. 促进早熟、提高品质

哈密瓜生长适宜温度为 25～30℃，在冬季保护地栽培或早春覆盖栽培时，前期的低温常影响瓜蔓生长、结实和果实的发育，使花期推迟，果实发育不良，这是哈密瓜早熟栽培的一大障碍。而采用嫁接苗耐寒性均有所提高，如葫芦砧的嫁接苗在 16～18℃时仍能正常生长，而未嫁接的自根苗则停止生长。嫁接栽培后一般可提早上市约6d左右。因此，嫁接可提高哈密瓜的耐寒性，促进瓜苗在较低的温度条件下正常生长，是哈密瓜保护地和早熟栽培的关键措施之一。

5. 提高耐寒性

实行嫁接后，因砧木抗御低温的能力增强，提高了嫁接后哈密瓜的耐寒性，在低温如在地温12～15℃、气温6～10℃时，根系仍能正常生长。

6. 促进幼苗健壮生长

试验测定，嫁接苗比自根苗生长旺盛，并且砧木还有较大的根系，根壮则苗旺，能有力地促进嫁接幼苗的生长。

7. 提高耐旱及抗病能力

嫁接所选用的砧木具有较大的根系，根的分布范围广，对水分吸收能力强，同时对病虫害有较强的抗性。例如，哈密瓜自根苗发生涝害一昼夜，根系就会窒息死亡，而嫁接苗基本无害。

8. 节约肥料的施用量

因砧木的根系分布广，吸收能力强，能够在较大范围土壤中吸收养分，供给地上部的能力强，供肥力足，所以，在苗期和中后期利用肥料较经济。据有关资料介绍，用葫芦砧可少施肥25%，用南瓜砧可少施肥30%～40%，明显节肥。

二、嫁接技术

（一）砧木的选择

合理选择哈密瓜砧木品种，是嫁接栽培成功的关键因素。选择砧木时应考虑以下4个方面的因素。

(1)砧木与接穗的亲和力：砧木与接穗的亲和力包括嫁接亲和力和共生亲和力两个方面。嫁接亲和力是指嫁接后砧木与接穗的愈合程度。排除嫁接的技术因素，若嫁接后砧木很快与接穗愈合，成活率高，则表明该砧木与接穗的嫁接亲和力高，反之则低。共生亲和力是指嫁接成活后两者的共生状况，通常用嫁接成活后，嫁接苗的生长速度、生育正常与否、结瓜后的负载能力等表示。嫁接亲和力和共生亲和力并不一定一致。有的砧木嫁接成活率很高，但进入结果初期便表现不良，甚至出现急性凋萎，表现出共生亲和力差。

据侯栋、闫秀玲、李浩、高艳霞试验，不同砧木与金凤凰(哈密瓜品种)的嫁接亲和性有显著的差异。与金凤凰嫁接成活率最高的是日本南瓜 F_1，达到 95.6%，表明两者之间具有很强的嫁接亲和性；其次是一串铃冬瓜和黑籽南瓜，嫁接成活率分别为 89.3% 及 88.4%。金丝瓜与金凤凰嫁接成活率只有 30%。因此，研究筛选适于哈密瓜嫁接的专用砧木十分重要。

(2)砧木的抗枯萎病能力：哈密瓜嫁接的主要目的是防止枯萎病等土传性病害，因而嫁接时选用抗枯萎病，并兼抗其他病害的砧木品种特别重要。国内外研究证明，目前南瓜被认为是哈密瓜较为理想的砧木。

(3)砧木对不良条件的适应能力：在嫁接栽培时，哈密瓜植株在低温环境中的生长能力、雌花出现早晚和在低温下稳定坐果能力，以及根群的扩展和吸肥能力，耐旱性和对土壤的适应性等，都受砧木固有特性的影响。不同砧木的特性及其影响各不相同，因此根据需要来选用适宜的砧木品种，是获得哈密瓜优质、早熟、高产的关键之一。

一般而言，干旱地应选择生长势强的砧木品种，但阴雨期坐果不稳定。水湿地和生长势强应选择长势弱的砧木，以稳定坐果，但坐果后易早衰和发生凋萎病。在春季早熟栽培情况下，由于春季温度低，应选用低温伸长性和低温坐果好，对不良环境条件适应性强的砧木品种。

(4)砧木对哈密瓜品质的影响：不同的砧木对哈密瓜品质有不同的影响，不同的哈密瓜对同一砧木的嫁接反应也不一样，有的砧木可使哈密瓜品质降低，有的砧木则常使哈密瓜果肉绵软，而南瓜中的一些品种与哈密瓜共砧则无此缺陷。因此，应选择对品质无不良影响的砧木品种。

(二)嫁接前的准备

1. 协调播期，适时播种

砧木和接穗是两个不同的生物体，各自都有最适的嫁接时期。如何使二者的最适嫁接时期相遇，是保证嫁接成活的关键环节，通常是通过调整砧木和接穗的播种期来实现。

通常的做法是：先播南瓜，隔 5～7d 再播哈密瓜。最适嫁接苗龄是砧木 2 片子叶 1 片真叶，接穗 2 片子叶展平时为最佳。过于幼嫩的苗，嫁接时不易操作，过大的苗，因胚轴髓腔扩大中空，影响成活。嫁接前，如砧木苗偏大，接穗苗偏小时，可提前将砧木顶心挖去，只保留 2 片子叶，预防苗龄过长，发生空心，并可抑制徒长。

2. 嫁接场所

嫁接场所最好是选背风、遮阴、无直射光照射，与外界接触少，气温 20～24℃，空气相对湿度 80%以上，空间较大，操作方便，并有条件对嫁接苗遮阴、保温、保湿，能确保成活的地方。所以，最好是在专设的育苗大棚内进行。在嫁接操作区，大棚上面用草帘覆盖遮阴，或在大棚内设置电热温床，复扣小拱棚，并进行多层覆盖保湿，创造适宜的环境条件。

3. 嫁接工具

需要的用具主要有：刀片、竹签、嫁接夹或塑料薄膜等。

刀片用于削结合面和割除砧木生长点等，一般用剃须刀片，每片大约可嫁接 200 株左右。刀片必须锋利，刀片发钝时要及时更换，以免切口不齐，影响嫁接苗的成活率。

竹签主要用于去除砧木生长点和插孔，多由竹筷削成，长10～15cm，一端削成与接穗茎粗相等的平面，另一端为扁平状，先端呈半弧形，用火轻烧一下，使尖端无毛刺。一般做成粗细不同的竹签

2～3 个。

嫁接夹是嫁接时固定嫁接部位用的，由厂家专门生产，一般每千克夹子 1 400个左右，一夹可用多年。旧夹再用时应先用福尔马林 200 倍液浸泡 6～8h 消毒。固定接穗与砧木的嫁接部位，也可用塑料地膜剪成宽 1.0cm、长 15～20cm 的窄条。

(三)嫁接方法和技术要点

1. 插接法

先播砧木苗后播哈密瓜。砧木苗应较哈密瓜苗提前 7～10d 播种。插接时先除去砧木苗生长点，然后竹签平面朝下，在生长点切口向下斜戳一深 7～10mm 的孔，以不划破外表皮，隐约可见竹签为宜。而后取接穗苗(可不带根)，用左手拇指与食指轻轻地将两片子叶合拢捏紧，中指顶住下胚轴，右手用刀片在子叶下 1～1.5cm 处向根端削成长 7～10mm 的楔形，切面一定要平直，然后左手拿砧木，右手取出竹签，把接穗削面朝下插入孔中，使砧木与接穗切面紧密吻合，同时使砧木与接穗子叶成“十”字形。该法简便易行，成活率高、嫁接效率高，生产上最常用。

技术要点是：①砧木苗要求粗壮，敦实、不徒长；②适期嫁接，砧木苗具有刚开展的一片真叶或真叶一叶一心，接穗为刚展开的子叶苗；③接穗切面一定要平直，因此嫁接刀片要锋利，一般切削 200 次以后要及时更换。嫁接工具(竹签、刀片)要注意清洁，经常用 75％酒精擦拭，防止病菌侵染。切面必须朝下插入砧木孔中；④砧木用竹签捣孔时不宜过大，使接穗插入后有一定的压力；⑤离土嫁接时，嫁接后把嫁接苗放入保温、保湿的塑料箱或塑料袋中，防止嫁接苗失水而萎蔫，有利切口愈合。

2. 靠接法

先播哈密瓜苗后播砧木苗。哈密瓜应较砧木早播 3～5d。嫁接时取出大小适宜的砧木与接穗苗，先将砧木生长点去掉，于砧木下胚轴近子叶节 0.5～1cm 处用刀片呈 45°下削一刀，深达胚轴

1/3～1/2，长约1cm左右，于接穗相应部位上削45°，深达胚轴1/2～2/3，长度相等，左手拿砧木，右手拿接穗，自上而下将两切口嵌合，用嫁接夹或地膜带捆扎固定。完成后将接穗与砧木同时栽入塑料钵中，相距约1cm，切口距地面1cm。该法接口愈合好，长势旺，管理方便，成活率高，由于操作复杂，不易大面积推广，但应用机械嫁接时多采用此方法。

这一嫁接方法的技术要点是：①砧木与接穗苗大小相近，接穗不能过小，否则嫁接后长短不一致，操作困难，不好栽植，影响成活率；②砧木与接穗切削面平、直，用刀片切削时不能用力过猛，以免将茎切断；③嫁接后及时栽植于营养钵中，成活后及时切断接穗嫁接部位下胚轴，促使接穗迅速生长；④嫁接苗运输与定植时注意不要碰断嫁接部位，造成伤苗。

三、嫁接苗苗床管理与嫁接苗的栽培管理

（一）嫁接苗苗床管理

嫁接苗苗床管理十分重要，要注意以下几点。

（1）保湿：保持苗床湿度，减少接穗水分蒸腾是关系到嫁接成败的关键。嫁接前苗床应浇透水，保持棚内湿度在95%以上。如果湿度过低，可用喷雾器向地面喷水，但忌在伤口愈合前向嫁接苗植株上直接喷水。约10d后嫁接苗基本成活，可以用喷壶直接喷水。

（2）保温：为促进切口愈合，应注意保持较高的苗床温度。嫁接苗愈合的适宜温度是25℃左右。从嫁接到伤口愈合，第1片真叶展开是嫁接成活的关键时期，约需要3d时间，3d以后苗床日温应维持在28～30℃，夜间为15～18℃。

（3）遮光：遮光的目的是防止高温和避免嫁接苗直接受到太阳光的直射。嫁接后小拱棚用遮光物覆盖，3d后可早晚揭掉遮光物，之后视苗情情况逐渐增加透光度，延长透光时间，6～7d后可

以完全撤去遮光物。

(4)通风换气:嫁接3d后,早晚可揭开薄膜两头换气1～2次,5d后嫁接苗新叶开始生长,应逐渐增加通风量。10d后嫁接苗基本成活,可按一般苗床进行管理。20d后可以定植到大田,定植前应炼苗3～5d,防止嫁接后的幼苗发生徒长。

(5)防止病害:哈密瓜嫁接苗处于高温、高湿与遮光条件下,病菌易从接口处感染。除了育苗土消毒外,苗期还应及时喷药防治。嫁接前可用代森锌500倍液,百菌清、多菌灵800～1 000倍液喷雾,嫁接一周后再定期喷药1～2次,完全可以控制发病。在喷药防病的同时可加0.2%磷酸二氢钾或0.3%的尿素进行根外追肥,以促进嫁接苗的生长发育。

(6)抹除砧木侧芽:嫁接苗须在嫁接一周后及时摘除砧木萌芽,在嫁接苗成活大约10d后及时去夹断根。定植前一周注意低温炼苗,白天22～24℃,夜间13～15℃。嫁接25～35d后,嫁接苗3～4片真叶时可移栽于大田。

(二)嫁接苗的栽培管理

哈密瓜嫁接栽培是克服连作障碍和防止哈密瓜枯萎病的特效技术措施。但在生产实际应用过程中,常常由于嫁接技术或管理不当,造成嫁接成活率低,效果差。

1. 嫁接苗栽培管理技术要点

(1)加速成苗,缩短苗龄。在管理上要提供适宜的温度、水分和养分条件,促进幼苗生长,并保持砧木次生根的正常发育。

(2)合理密植:因嫁接苗根系发达,生长势旺盛,再加上重茬地栽培肥力足,故应适当减少栽培密度,哈密瓜爬地栽培一般以亩栽500～550株左右为宜;立架栽培以1 600株为宜。嫁接口应离地面3cm。

(3)防止接穗萌生不定根和砧木萌芽:嫁接苗接穗发生不定根,则失去换根防病的作用,为此栽植时,应注意不要栽植过深,嫁接口应高出地面 3cm 左右，防止下胚轴部分接触土壤产生自生根，降低抗病能力。

在育苗和大田定植后还应随时除去砧木的萌芽。

(4)调整肥料种类与用量：为保证嫁接瓜的品质，所用的肥料种类应以农家肥(或商品有机肥)和磷钾肥为主。在施肥数量上，氮肥一般应比轮作田少 15%～20%，同时要适当增加磷、钾肥用量，一般可比常规增加 10%～15%。

(5)及时浇水，合理整枝：①浇水。嫁接后由于砧木根系的差异，其抗旱性可能不如自生苗，需及时浇水；②整枝。哈密瓜的整枝应以二蔓整枝为主，远离根部坐瓜，一株留二瓜，控制哈密瓜果形，避免果形偏大，难以销售。

2. 压蔓

嫁接哈密瓜不能用土压蔓，应采取明压蔓，或采用畦面铺草的方法固定瓜蔓，尽量避免瓜蔓与土壤直接接触长出不定根感染枯萎病。

3. 病害防治

嫁接对防止枯萎病有特效，但不等于嫁接苗不发生其他病害，事实上，嫁接后炭疽病、疫病等病害仍会发生，要注意防治。但在进行农药防治时，应选择低毒无公害农药或生物农药，同时严格控制农药的安全间隔期，确保安全，提高哈密瓜品位，提高市场竞争力。

4. 适时采摘，确保品质

据鄞州区农业科学研究所多年实践，嫁接哈密瓜成熟时间比同品种、同一播栽期常规栽培的哈密瓜要延迟 5d 左右，应根据熟期适时采收，确保品质。

第二节 二氧化碳施肥实用技术

温室二氧化碳(CO_2)施肥始于瑞典、丹麦、荷兰等国家，20 世纪 60 年代，英国、日本、德国、美国也相继开展了 CO_2 施肥试验，目前均进入生产实用阶段，成为设施栽培中的一项重要管理措施。CO_2 施肥得到重视和发展主要归因于以下几个方面：①CO_2 施肥作用和效果被进一步肯定；②农户的科技意识增强；③温室结构的密闭性提高④在冬季弱光和人工补光条件下施肥效果显著；⑤温室种植制度的改革减少了有机质的施用，尤其是无土栽培技术的应用。

一、大棚内 CO_2 的来源与消耗途径

(一)大棚内 CO_2 的来源

一般大棚内 CO_2 的来源主要有 3 条途径。

(1)当温室内 CO_2 浓度低于自然界时，通过换气来补给(通风换气是主要来源)。

(2)通过栽培作物和土壤微生物呼吸释放的 CO_2 来进行补充。

(3)通过土壤中有机物分解产生 CO_2(在生产上具有实际意义)。

(二)大棚内 CO_2 的消耗途径

一是作物进行光合作用参与了同化过程，当室内光照达到 1 000～1 500lx 时，作物开始进行光合作用，CO_2 浓度开始逐渐下降。二是当温室通风换气时，一部分 CO_2 就会逸散到室外。日光温室是一个封闭环境，夜间是 CO_2 聚集过程，清晨揭苫前 CO_2 浓度最高，揭苫后，作物接收阳光，CO_2 浓度逐渐下降。

二、CO_2 施肥的意义

CO_2 是绿色植物光合作用所必需的基础物质，对作物的生长发育有着极其重要的作用。大棚内气体交换受到限制，容易造成棚内二氧化碳的时段性不足，使宝贵的棚内光照资源得不到有效地利用，影响作物的生长发育，施用二氧化碳气肥是大棚瓜果高产优质栽培不可缺少的重要措施之一。增施二氧化碳气肥后，由于二氧化碳浓度增加，给瓜果蔬菜补充了充足的光合作用原料，植株

同化产物增加，作物叶片肥厚，叶色浓绿，茎枝健壮，因此，能促进产品提早上市，并使内在的品质和营养成分增加，外观品质也得到改善。据测定：一般瓜菜作物的 CO_2 饱和点是 1 000～1 600mg/kg，在饱和点以下，植株光合速率随 CO_2 浓度的增大而提高，而自然界中 CO_2 的浓度一般只有 320mg/kg。自然界 CO_2 浓度远不能满足瓜菜作物进一步提高产量的需要。因此，如将空气中的二氧化碳浓度从正常值(万分之三体积)增加 8%，不但不会影响作物的生长，反而有明显的增产效果，可使大棚内植物叶子和茎的生长速度提高 50%到 300%，瓜类开花和成熟时间提前 10%～25%。

在保护地栽培中进行 CO_2 施肥具有非常重要的意义。

三、如何生产与施用 CO_2 肥料

(一)生产 CO_2 肥料的方法

1. 增施有机肥生产 CO_2 肥料

有机肥不仅能为作物提供必需的营养物质，改善土壤理化性质，而且有机肥在分解的过程中会放出大量的 CO_2，据中国科学院农业现代化研究所测定，秸秆堆肥施入土壤后 5～6d 就可释放出大量 CO_2，平均每天能使温室内 CO_2 浓度达到 600～800mg/kg，前后维持近 30d。

在塑料大棚生产过程中，施入大量鸡粪也能达到增加 CO_2 浓度的效果，但使用此法，需经常补施一定数量的鸡粪，才能使塑料大棚内的 CO_2 浓度维持较高水平。

2. 利用 CO_2 颗粒气肥生产 CO_2 肥料

固体颗粒肥料气肥是以碳酸钙为基料，有机玻璃酸作调理剂，无机酸作载体，在高温高压下挤压而成，施入土壤后可缓慢释放 CO_2。据报导，每亩一次施用量 40～50kg，可持续产气 40d 左右，并且一日中释放 CO_2 的速度与光温变化同步。采用此法，不仅使用方便、省时省力，而且能使室内 CO_2 浓度空间分布均匀。但是

颗粒气肥对贮藏条件要求严格，释放 CO_2 的速度慢，产气量少，且受温度、水分的影响，难以人为控制。

3. 利用化学反应法生产 CO_2 肥料

利用强酸（硫酸、盐酸）与碳酸盐（碳酸钙、碳酸铵、碳酸氢铵）反应释放 CO_2，硫酸—碳铵法是目前应用最多的一种类型。具体操作方法是：先将工业用硫酸 1 份（按容积，下同）缓缓倒入 3 份水中，搅匀，冷至常温后备用。当需要补充和增加 CO_2 时，则将配好的稀硫酸倒入广口塑料桶内（桶内稀硫酸倒至 1/3～1/2 为宜，切勿倒满），再加入适量的碳酸氢铵后，桶内即可产生大量 CO_2 气泡，扩散到棚室内就可被哈密瓜叶片所吸收。若哈密瓜采用支架栽培时，可将桶吊离地面 1～1.2m 处。在棚室内一般每隔 10m 左右放一个塑料桶。碳酸氢铵的用量可根据棚室面积、哈密瓜生育期和施用时间而定，苗期每次用 6～8g/m^2，果实发育期每次 10～12g/m^2；晴天中午前后每次 13～16g/m^2。

使用一段时间后，如果稀硫酸桶内加碳酸氢铵后无气泡发生时，可将桶内废液用水稀释后作为液肥施入瓜畦，然后及时补足稀硫酸。此法的缺点是费工、费料，操作不便，可控性差，操作不当会发生气体危害。

近几年来，国内已有多地相继开发出多种成套的 CO_2 施肥装置，主要结构包括贮酸罐、反应桶、CO_2 净化吸收桶和导气管等部分，通过硫酸供给量控制 CO_2 生成量，CO_2 发生迅速，产气量大，操作简便，较安全，应用效果较好。大面积施肥时硫酸的供给是该肥源应用中遇到的主要问题。

4. 通风换气增加 CO_2

当温室 CO_2 浓度低于外界较多时，采用强制或自然通风可迅速补充内部的 CO_2。此法简单易行，但 CO_2 浓度升高有限，仅靠自然通风不能解决作物旺盛生长期的 CO_2 亏缺问题，而且，寒冷季节通风较少。

（二）CO_2 施用技术

1. 施用时间

当哈密瓜茎蔓长到 30cm 左右时，晴天：每天上午 8 时前（太阳出时）喷放；阴天：上午 10 时左右喷放，阴雨天停施。棚内气温较高时可提早喷放，施后闭棚 2h。哈密瓜开初花时停止喷放，以免影响坐果。待坐果后有鸡蛋大小时继续进行喷放。

2. 喷放浓度

哈密瓜初开花时喷施二氧化碳气肥浓度要低，一般每 0.5 亩左右大棚每次用二氧化碳发生液 1kg，外加碳铵 1.1kg，每天喷一次；哈密瓜坐果后有鸡蛋大小时，施用浓度可按比例增加，为确保安全，碳铵不能太多。

3. 操作方法

（1）安装方法：①根据大棚长度，用编丝绳或细铁丝将导气管悬挂在大棚中间，离顶端 0.3m 处，导气软管的长度略长于大棚长度，导气软管的尾端在大棚架上打结，拉住导气软管并防止二氧化碳气体大量从软管尾端口逸出；②在大棚门口的内侧找一小块平整地放置 GF—1 固定式二氧化碳喷气器，用胶管将二氧化碳喷气器导口与导气软管连接起来，用编丝绳或细铁丝固定两个连接口，防止连接口漏气，即安装完毕。

（2）操作技术：①打开桶体盖，将称量好的碳铵放入桶体中拧紧桶体盖；②关闭储剂筒开关；③打开储剂筒盏，将称量好的二氧化碳发生液倒入储剂筒，盖好储剂筒盖子；④打开储剂筒开关，释放产生的二氧化碳气体；⑤施肥结束，将桶体内的残液倒入塑料桶、缸或化粪池中；⑥每天施肥结束，用清水将储剂筒、桶体冲洗干净。

4. 人工施肥 CO_2 注意事项

（1）施用浓度：温室内施用二氧化碳浓度以 0.08%～0.15% 为宜。冬季低温弱光期或阴天浓度要低些，以 0.08%～0.1% 为宜，春秋光照强时以 0.1%～0.15% 为宜。

(2)施用时间：二氧化碳施肥一般在秋、冬、春三季使用。叶菜类整个生长期都可施用，果菜类一般在结果期施用，条件允许时最好苗期也用，浓度为 0.1%。晴天应在太阳出来 0.5h 到 1h 开始施用，轻度阴天或多云天气可推迟约 0.5h 再施用效果更好。放风前 0.5h 停止施用，否则影响施用效果。

(3)注意与温、光、水、肥相互配合，温室内温度较低时(低于 15℃)，不宜施用；温室内光照弱(低于 3 000lx 时，如阴、雪天气)不要施用，防止 CO_2 中毒。

第三节 哈密瓜的高温闷棚处理

高温闷棚是指对连作大棚或日光温室，在 6～7 月棚室休闲期，用塑料薄膜密封大棚后，在干燥或淹水状态下，利用夏季光热资源使棚内 0～20cm 土层温度升高到 38～40℃以上，达到高温杀菌消毒目的的物理防病手段，它是解决土传病害中真菌性病害、细菌性病害、根结线虫病、土壤板结、酸化、盐碱化等问题的一项重要技术措施。

第二次种植业产业结构调整后，宁波市西瓜、哈密瓜大棚栽培发展迅速，至 2010 年，全市栽培面积已达 20 万亩。然而，重茬种植导致枯萎病等病害发病严重，如 2003 年，宁波市大棚西瓜枯萎病年均发病率达 25%，病重的全田被毁，全年经济损失达 4500 万元；2003 年后至 2010 年间，发病情况基本雷同。在土地紧缺，采用轮作防病十分困难的情势下，曾立红对高温闷棚防治瓜类枯萎病(甬科字[2004]104 号)作了专项研究，目前高温闷棚防病技术已在瓜类、茄果类、草莓、叶菜类土传病害的防治方面得到广泛应用，大棚果蔬土传病害得到有效遏制。

一、高温闷棚处理的类型

高温闷棚处理可分为两种类型。

1. 干燥闷棚

干燥闷棚是指用塑料薄膜密封大棚后，一直保持不灌水状态，任其保持干燥环境。采用这一方法效果良好，据 2004 年试验，闷棚 8～10d，土壤 0～20cm 土层温度均可达到 38～40℃，室内检测在 40℃条件下经 48h 可有效杀死枯萎病病菌。

2. 灌水闷棚

灌水闷棚是指对大棚用塑料薄膜密封大棚前，事先连续二次灌、排水，每次灌水至淹没畦面，浸泡 24h 后排掉，用旧薄膜进行全田覆盖后再密封大棚，经 20 多天种茬种植瓜类无枯萎病发生。据试验，2004 年秋季重茬栽培西瓜、哈密瓜，对枯萎病的防治效果达到了 90%～100%；次年即 2005 年，春季重茬栽培西瓜、哈密瓜，发病率低于 5%，防治效果达到 84.48%。

二、影响高温闷棚效果的主要因素

1. 密封性

大棚膜覆盖密封性的好坏，是高温闷棚处理能否取得预期效果的关键点。宁波市鄞州区农业科学研究所、鄞州区洞桥镇农技站、宁海县长街镇农技站的试验都一致证明，强化大棚膜覆盖的密封性，可以使 5～20cm 土层日均温度达到 40℃的时间缩短 2～4d，日最高温度提高 1.25～8.8℃；灌水闷棚 20d，枯萎病的防治效果达到 92.52%。反之，如大棚膜覆盖密封性状态不佳，则高温闷棚效果明显变差。

2. 密封材料

在保持相同密封性的条件下，高温闷棚处理的效果与所选用的密封膜材料的色泽、层次密切相关。试验证明，黑膜对光热吸收的阻隔作用导致其对土层的增温效果远不如白膜，单层黑膜覆盖下的10～20cm的土层达到40℃需要15～18d；黑膜上再加一层白膜的处理也需要8～12d；单层白膜和双层白膜0～10cm土层达到40℃所需时间相同，15～20cm的土层达到40℃所需时间则双层较单层缩短1～2d，其原因是双层膜较单层膜有较好的保温性。从闷棚期的平均温度和预热期后高温水平比较看出四种地膜覆盖处理的地温明显比避雨不闷棚和露地高，其中，两个覆白色膜的尤其突出，各土层温度较对照和避雨不闷棚高10℃左右。覆单层白膜和双层白膜0～10cm土层温度较接近，15～20cm则相差1℃左右。分析认为，就增温效果而言，高温闷棚采用地面覆盖单层白膜比双层白膜预热期长1～2d，深层地温也略低于双层，但由于单层的增温作用已完全满足持续高温的水平，而且从使用材料成本考虑，单层优于双层，故实际应用中只需覆单层白膜就可以了。

表7－2　不同膜覆盖下各土层平均温度对比表

（2004年7月12日至8月4日）

土层(cm)	单层白膜(℃)	双层白膜(℃)	单层黑膜(℃)	白膜＋黑膜(℃)	避雨不闷棚(℃)	露地(ck)(℃)
0	49.78	49.91	44.75	47.85	36.77	36.12
5	43.61	43.58	39.50	42.06	31.89	31.00
10	41.30	41.30	37.46	39.59	30.70	29.85
15	39.15	40.33	35.76	38.70	30.22	29.00
20	38.25	39.44	35.81	38.00	30.19	28.82

表 7－3　不同膜覆盖高温闷棚预热期及预热后平均温度比较

土层（cm）	达到 40℃需要天数(d)				预热后平均温度(℃)			
	单层白膜	双层白膜	单层黑膜	白膜＋黑膜	单层白膜	双层白膜	单层黑膜	白膜＋黑膜
0	2	2	2	2	51.07	51.30	45.62	48.97
5	4	4	5	4	45.61	45.69	40.96	43.97
10	5	5	15	8	43.56	43.46	41.77	42.15
15	8	7	17	10	42.22	43.43	40.39	41.68
20	10	8	18	12	41.47	42.54	40.42	41.57

表 7－4　闷棚期平均温度和达到 40℃预热期比较

（2005 年 7 月 11 日—8 月 4 日）

土层/cm	单层白膜					双层白膜				
	农科所		洞桥			农科所		洞桥		
	预热期(℃)	平均温度(℃)	预热期(℃)	平均温度(℃)	预热后均温(℃)	预热期(℃)	平均温度(℃)	预热期(℃)	平均温度(℃)	预热后均温(℃)
0	2	48.56	3	49.31	58.87	2	48.86	3	49.23	50.86
5	4	42.31	5	42.54	44.35	4	42.40	4	42.70	44.06
10	5	39.89	6	40.34	42.83	5	40.01	5	39.99	42.10
15	8	37.70	10	38.68	41.75	7	38.96	10	38.71	41.70
20	10	36.89	11	37.74	41.05	8	38.09	12	37.39	40.83

3. 闷棚的时间

闷棚时间越长，效果越好。闷棚时间的长短应根据不同病菌种类决定。大多数病菌都不耐高温，经过 10 多天的热处理即可被杀死，如立枯病病菌、黄瓜菌核病病菌、茄子黄萎病病菌等都不耐高温。但是也有的病菌特别耐高温，如根腐病病菌、枯萎病病菌等一些深根性土传病菌，由于其分布的土层深，必须处理 20～25d 才能达到较好的效果。因此，进行土壤消毒时，应根据棚内所种作物及其相应病菌的抗热能力来确定消毒时间。

4. 闷棚前的预处理

闷棚前的预处理直接影响闷棚效果。

(1)结合整地,深翻施肥的闷棚效果优于未作处理的。试验证明闷棚前,地整平、整细、并结合整地采取深翻施肥,结合整地,把鸡粪、猪粪等有机肥料一并施入地下的,可促进闷棚高温杀菌效果;地经深翻耙平,再按照作物种植方式起垄或做成高低畦,可使地膜与地面之间形成一个小空间,可增强杀菌效果。

(2)药物处理,灭菌杀虫过的闷棚效果优于未作处理的。如对往年有死棵现象的大棚,每亩先施用多菌灵 2～3kg,撒在地上深翻10～15cm 后,覆盖地膜进行土壤消毒或在密闭大棚之前,棚体内表面再喷施一次多菌灵杀菌剂和杀虫剂的,可提高闷棚的杀菌效果。

(3)闷棚前足水浇灌,增加湿度可提高闷棚效果。排灌水使土壤盐分减少 66.5%,减轻盐渍危害,改善哈密瓜根际生长环境;灌水闷棚使残留在土壤中的病菌在厌氧环境中难以生存。闷棚前排灌水二次,灌溉水后应高出地面 3～5cm。试验证明土壤的含水量与杀菌效果密切相关,如闷棚前土壤含水量过低,达不到好的杀菌效果。一般闷棚时土壤含水量以达到田间最大持水量的 60%时效果最好。

三、哈密瓜连作大棚高温闷棚方法

江浙一带春季栽培哈密瓜结束采收的时间在 6 月中下旬。采收结束应立即揭膜清园,在畦面撒施石灰(100kg/亩)后深翻 20～30cm,接着进行二次灌水,第 1 次开沟灌水至淹没畦面,24h 后排掉。第 2 次灌水至淹没畦面,再过 24h 排掉,水回落后将旧塑料薄膜覆盖在畦面上,放下大棚围膜,同时关闭大棚两头大门开始闷棚,注意检查整栋大棚塑料膜的完好程度,发现有破损的地方尽快补好,以免减弱闷棚的增温防病效果。

在闷棚的同时要计算好苗龄,以便在闷棚结束时适时移栽哈密瓜或者在闷棚结束施肥整地后催芽直播哈密瓜。

第八章 哈密瓜的病虫草害防治

第一节 哈密瓜侵染性病害防治

哈密瓜的主要侵染性病害有蔓枯病、疫病、霜霉病、白粉病。

一、蔓枯病

(一)为害症状

蔓枯病主要为害主蔓和侧蔓,有时也为害叶柄、叶片。叶片受害初期在叶缘出现黄褐色"V"字形病斑,具不明显轮纹,后整个叶片枯死。叶柄受害初期出现黄褐色椭圆形至条形病斑,后病部逐渐缢缩,病部以上枝叶枯死。

(1)茎蔓:病蔓开始在近节部呈淡黄色、油浸状斑,稍凹陷,病斑椭圆形至梭形,病部龟裂,并分泌黄褐色胶状物,干燥后呈红褐色或黑色块状。生产后期病部逐渐干枯,凹陷,呈灰白色,表面产生黑色小点,即分生孢子器及子囊壳。

(2)叶片:叶片上病斑黑褐色,圆形或不规则形,其上有不明显的同心轮纹,叶缘病斑上有小黑点,病叶干枯呈星状破裂。

(3)果实:果实染病,病斑圆形,初亦呈油渍状,浅褐色略下陷,后变为苍白色,斑上生有很多小黑点,同时出现不规则圆形龟裂斑,湿度大时,病斑不断扩大并腐烂。

(二)病原

病原为瓜类球腔菌 *Mycosphaerella melonis*,属半知菌亚门真菌。分生孢子器叶面生，多为聚生，初生后突破表皮外露，球形至扁球形，器壁淡褐色，顶部呈乳状突起，器孔口明显；分生孢子短圆形至圆柱形，无色透明，两端较圆，正直，初为单胞，后生1隔膜。子囊壳细瓶颈状或球形，单生在叶正面，突出表皮，黑褐色；子囊多棍棒形，无色透明，正直或稍弯；子囊孢子无色透明，短棒状或梭形，一个分隔，上面细胞较宽，顶端较钝，下面的孢子较窄，顶端稍尖，隔膜处缢缩明显。

（三）传播途径与发病条件

病菌以子囊壳、分生孢子器、菌丝体潜伏在病残组织上留在土壤中越冬，翌年产生分生孢子进行初侵染。植株染病后释放出的分生孢子借风雨传播，进行再侵染。气温20～25℃，潜育期3～5d，病斑出现4～5d后，病部即见产生小黑粒点。分生孢子在株间传播距离6～8m。哈密瓜品种间抗病性差异明显，一般均易感病。病菌发育适温20～30℃，最高35℃，最低5℃，55℃经10min致死。据观察5d平均温度高于14℃，相对湿度高于55％，病害即可发生。气温20～25℃病害可流行，在适宜温度范围内，湿度高发病重。5月下旬至6月上中旬，降雨增多该病易发生和流行。连作易发病。此外密植田藤蔓重叠郁闭或大水漫灌的症状多属急性型，且发病重。

（四）防治方法

1. 选用抗蔓枯病品种
2. 播种前进行种子消毒

（1）浸种：可用40％福尔马林150倍液浸种30min，捞出后用清水冲洗干净再催芽播种，或用50％甲基硫菌灵或多菌灵可湿性粉剂浸种30～40min。

（2）拌种：用50％多菌灵可湿性粉剂拌种；种子包衣用0.3％～0.5％的种衣剂9号或10号，可有效地防治立枯病，还可兼治猝倒病和炭疽病。

3. 高温闷棚防治

6月底清棚，畦面撒施石灰，翻耕灌水至畦面，平覆塑料膜(旧大棚膜)，密闭大棚20～25d。

4. 合理密植，加强栽培管理

选择地势较高，排水良好的田块搭建大棚种植；做短畦，挖深沟，建立完善的排涝系统，雨后及时排水；合理施肥，重施腐熟有机肥，注意氮、磷、钾配套施肥；及时整枝、打杈，发现病株及时拔除携至田外集中深埋或烧毁。

5. 化学农药防治

要做到早用药、及时用药，发现中心病株应立即喷药或涂茎。常用75%百菌清50g/亩加10%世高15g/亩对水30～40kg，或50%扑海因1 000倍液，60%防霉宝500倍液，64%杀毒矾400～500倍液等交替使用，隔7～10d喷1次，连续2～3次。棚室栽培可用45%百菌清烟剂或20%防霉灵烟剂熏烟防治。坐果后可用560g/L嘧菌·百菌清500倍液、64%杀毒矾500倍液加农用链霉素3 000倍液交替喷雾防治。对已发生蔓枯病的植株用甲基托布津、杀毒矾、农用链霉素调成糊状涂抹发病处。果实成熟前20d停止喷药防病。

二、疫病

(一)为害症状

哈密瓜疫病又称死秧病，是一种重要病害，一旦发病则难于控制，主要为害哈密瓜叶、茎和果实。叶片染病初生圆形水浸状暗绿色斑，扩展速度快，湿度大时呈水烫状腐烂，干燥条件下产生青白色至黄褐色圆形斑，干燥后易破裂。茎染病初生椭圆形水浸状暗绿斑，凹陷缢缩，呈暗褐色似开水烫过，严重时植株枯死，病茎维管束不变色。果实染病多始于接触地面处，初生暗绿色水渍状圆形斑，后病部凹陷迅速扩展为暗褐色大斑，湿度大时长出白色短棉毛状霉，干燥条件下产生白霜状霉，病果散发腥臭味。

（二）病原

病原为疫霉和掘氏疫霉（*PhytophthoramelonisKatsura*. 异名 *P. drechsleriTucker*），属鞭毛菌亚门真菌。哈密瓜疫霉在 PDA 上培养，菌丛呈灰白色，稀疏，菌丝无隔透明，直径 4～7μm，后期菌丝产生不规则形的肿胀或结节状突起，一般不产生孢子囊。在 Vs 汁培养基上，菌丛近白色，稀疏，产生孢子囊，孢子囊下部圆形，乳突不明显，有时也可看到少量孢子囊的乳突较高，可达 4μm，大小(43～69)μm×(19～36)μm，新的孢子囊自前一个孢子囊中伸出，萌发时产生游动孢子，自孢子囊的乳突逸出，藏卵器近球形，直径 18～31μm，无色，雄器围生；卵孢子球形，淡黄色，表面光滑，16～28μm。有时在一些地区造成严重为害。哈密瓜疫霉除侵染哈密瓜、苦瓜外，还可侵染甜瓜、马铃薯、番茄等。该菌生长发育适温 28～32℃，最高 37℃，最低 9℃。

（三）传播途径与发病条件

病菌以菌丝体和卵孢子随病残体组织遗留在土中越冬，翌年菌丝或卵孢子遇水产生孢子囊和游动孢子，通过灌溉水和雨水传播到甜瓜上萌发芽管，产生附着器和侵入丝穿透表皮进入寄主体内，遇高温高湿条件 2～3d 出现病斑，其上产生大量孢子囊，借风雨或灌溉水传播蔓延，进行多次重复侵染。病菌以两种方式产生孢子囊：一是从气孔抽出较短的菌丝状孢子囊梗，顶端形成孢子囊。二是由气孔抽出菌丝，菌丝分枝，在分枝上长出菌丝状孢子囊梗，顶端形成孢子囊，48、72、96h 后平均每 $1cm^2$ 叶片两面产生孢子囊数量分别为 24.2、95.3、254.8 个，接菌后孢子囊释放出游动孢子在叶面上静止 2h 后萌发或孢子囊直接萌发长出芽管，开始从气孔保卫细胞间隙侵入，菌丝在叶片细胞间和细胞内扩散，也有从气孔伸出菌丝，再从气孔侵入或在叶面上扩展蔓延，经几天潜育即显病症。甜瓜疫病发生轻重与当年雨季到来迟早、气温高低、雨日多少、雨量大小有关。发病早气温高的年份，病害重。一般进入雨季开始发病，遇有大暴雨迅速扩展蔓延或造成流行。哈密瓜如连作、平畦栽培易发病，长期大水漫灌、浇水次数多、水量大发病重。

（四）防治方法

1. 实行轮作

2. 加强栽培管理

选地势较高、排水良好的田块种植；做短畦，挖深沟，田间要有完善的排涝系统，雨后及时排水；注意氮、磷、钾配套施肥；瓜田铺草（膜）；发现病株及时拔除，并在病穴撒石灰消毒；要控制浇水，经常保持土壤半湿半干状态。一旦发病，立即停止浇水，等疫病停止蔓延后再浇水。

3. 药剂防治

发病前选用80％代森锌600～800倍液，或75％百菌清500～700倍液，或25％瑞毒霉500～800倍液，或50％克菌丹500倍液，每隔7d喷1次，雨后补喷，连喷2～3次。必要时也可用上述杀菌剂灌根，每株250mL。如喷雾与灌根同时进行，则效果更好。坐果后可用560g/L嘧菌·百菌清500倍液、64％杀毒矾500倍液加农用链霉素3 000倍液交替喷雾防治。

三、霜霉病

（一）为害症状

哈密瓜霜霉病主要为害叶片。苗期染病，子叶上产生水渍状小斑点，后扩展成浅褐色病斑，湿度大时叶背面长出灰紫色霉层。成株染病，叶面上产生浅黄色病斑，沿叶脉扩展呈多角形，清晨叶面上有结露或吐水时，病斑呈水浸状，后期病斑变成浅褐色或黄褐色多角形斑。在连续降雨条件下,病斑迅速扩展或融合成大斑块,致叶片上卷或干枯,下部叶片全部干枯,有时仅剩下生长点附近几片绿叶。果实发育期进入雨季病势扩展迅速,减产30%~50%。

以成株期结瓜后最易发病,且损失也大。开始叶背出现水浸状斑点,叶正面呈浅黄色病斑,受叶脉限制病斑成多角形(但不如黄瓜明显)。湿度大时病部叶背长出灰色霉层。叶面病斑后期变黄褐色,并很快融合成大斑,使叶卷曲干枯。

(二)病原

病原为古巴假霜霉菌[*Pseudoperonospora cubensis*(*Berk. et Curt.*)*Rostov.*],属于鞭毛菌亚门。孢囊梗1~2枝或3~4枝从气孔伸出,长165~420μm,多为240~340μm,主轴长105~290μm,占全长的2/3~9/10,粗5~6.5μm,个别3.3μm,基部稍膨大,上部呈双叉状分枝3~6次;末枝稍弯曲或直,长1.7~15μm,多为5~11.5μm;孢子囊淡褐色,椭圆形至卵圆形,具有乳状突起,大小(15~31.5)μm×(11.5~14.5)μm,长宽比为1.2~1.7;以游动孢子萌发;卵孢子生在叶片的组织中,球形,淡黄色,壁膜平滑,直径28~43μm。

(三)传播途径与发病条件

哈密瓜霜霉病多始于近根部的叶片,病菌5~6月在棚室内开始繁殖。相对湿度高于83%,病部可产生大量孢子囊,对温度适应较宽,15~24℃经3~4d即又产生新病斑,长出的孢子囊又进行再侵染。病菌萌发和侵入对湿度条件要求高,生产上浇水过量或浇水后遇中到大雨、地下水位高、株叶密集、相对湿度高于83%易发病。多始于近根部的叶片,病菌经风雨或灌溉水传播,叶片有水滴或水膜时,病菌才能侵入,发病迅速。

（四）防治方法

1.加强栽培管理

短畦深沟；增施磷、钾肥；畦面覆盖地膜；采用滴灌；生育前期少灌水；并做好大棚温湿度调控，以降低空气湿度，减少发病机会。

2.药剂防治

发现中心病株及时喷药防治，坐果前以80％大生500倍液或64％杀毒矾500倍液加农用链霉素3 000倍液喷防1～2次。或用25％瑞毒霉800倍液，75％百菌清600倍液，40％乙膦铝300倍液，每隔7～10d喷1次，连续2～3次。或用45％百菌清熏烟剂防治。

四、白粉病

（一）为害症状

哈密瓜白粉病是哈密瓜常见病害，全生育期都可发生。主要为害叶片，严重时亦为害叶柄和茎蔓。叶片发病，初期在叶正、背面出现白色小粉点。逐渐扩展呈白色圆形粉斑，多个病斑相互连接，使叶面布满白粉。随病害发展，粉斑颜色逐渐变为灰白色，后期偶有在粉层下产生黑色小点。最后病叶枯黄坏死。

（二）病原

病原为单丝壳白粉菌 *Sphaerotheca fuliginea*（*Scll.*）*Poll*，属子囊菌亚门真菌。分生孢子梗圆柱形，无色，无分枝，顶端串生分孢子。分生孢子单胞，无色，椭圆形。

（三）传播途径与发病条件

该病在寒冷地区，病菌以菌丝体或闭囊壳在寄主上或在病残体上越冬，翌年以子囊孢子进行初侵染，后病部产生分生孢子进行再侵染，致病害蔓延扩展。在温暖地区，病菌不产生闭囊壳，以分生孢子进行初侵染和再侵染，完成其周年循环，无明显越冬期。通常温暖湿闷的天气，施用氮肥过多或肥料不足，植株生长过旺或不良发病重。病菌产生分生孢子适温 15～30℃，相对湿度 80％以上，气温升高，湿度适宜，上午 6 时至下午 3 时有微风适于孢子飞散，尤以中午至下午 3 时最适。分生孢子发芽和侵入适宜相对湿度 90％～95％，无水或低湿虽可发芽侵入，但发芽率明显降低。白粉病在 10～25℃ 均可发生，能否流行取决于湿度和寄主的长势。低湿可萌发，高湿萌发率明显提高。因此，雨后干燥或少雨，但田间湿度大，白粉病流行速度加快。较高的湿度有利于孢子萌发和侵入。高温干燥有利于分生孢子繁殖和病情扩展，尤其当高温干旱与高湿条件交替出现，又有大量白粉菌源及感病的寄主，此病即流行。北方该病多在春末夏初进入雨季或秋初较干燥时发生或流行，坐瓜四周的功能叶最易感病，以后随坐瓜增多，抗病力下降，病情不断增加。

（四）防治方法

1. 加强田间管理

避免在低洼通风不良的田地种植；合理密植，及时整枝理蔓，不偏施氮肥，增施磷、钾肥；及早摘除病叶，采摘结束后，将病残株收拾干净烧毁，或集中制作堆肥。

2. 药剂防治

发病初期，以 0.5％几丁聚糖 750 倍液＋10％丙硫多菌灵 750 倍液连喷 2 次，也可用 50％翠贝 1 000倍液喷防。有的地区也有用 15％粉锈宁 1 000倍液，或 43％好力克 5 000倍液，或 40％福星 8 000～10 000倍液，或 50％多菌灵 800 倍液，每隔7～10d 喷 1 次，连续 2～3 次。或用百菌清烟剂防治取得成效的成功案例。

五、枯萎病

（一）为害症状

哈密瓜枯萎病在哈密瓜生长苗期、伸蔓期至结瓜期都可发生，其中以果实膨大期为发病高峰，哈密瓜枯萎病典型症状是萎蔫。幼苗发病，子叶萎蔫或全株萎蔫，呈猝倒状。开花结果后发病，病株叶片由下至上逐渐萎蔫，似缺水状，中午更为明显，早晚尚能恢复，数日后整株叶片呈褐色枯萎下垂，不能恢复正常，叶片干枯、全株死亡。患病根部呈褐色，腐烂稍缢缩，茎基部纵裂，裂口处有时溢出琥珀色胶状物。将病茎纵剖维管束呈黄褐色，在潮湿条件下病部表面常发生白色及粉红色霉状物。

（二）病原

哈密瓜枯萎病的病菌为尖孢镰刀菌甜瓜专化型（*Fusarium oxysporum f.sp.melonis*）。该病菌生活力很强，以菌丝体厚垣孢子和菌核在土壤和未充分腐熟的带菌肥料中越冬。在土壤中能残存5～8年。在适温高湿条件下迅速繁殖发病蔓延，尤其是连作地块发病严重。但该病原菌对黄瓜、香蕉、番茄和辣椒幼苗不致病。

（三）传播途径与发病条件

传播途径有2种，一是种子带菌，病菌由种子传带引起哈密瓜发病；二是病残体带菌遗留在土壤中，病菌从水孔或伤口侵入，引起哈密瓜发病。在整个哈密瓜生育期内，该病菌都可以侵染植株。

在晴雨交替频繁以及闷热环境则暴发严重，重茬或与瓜类作物连作，发生更为严重。施入未腐熟有机肥或农事操作伤根会造成发病严重。雨天排水不及时或大水漫灌容易引起病害传播。

(四)防治方法

1. 预防为主,综合防治

一旦发生枯萎病,很难治愈,必须坚持预防为主、综合防治的方针,从各个环节杜绝病菌传播。

2. 实行轮作

哈密瓜必须实行5年以上的轮作,应尽量选择中性或微性的沙壤土。

3. 播种前种子严格杀菌,防止种子带菌

(1)温汤浸种:在56～60℃温水浸20min,或40%甲醛150倍液浸种30min,然后用清水冲洗干净播种;普力克250倍液浸种1～2h,种子捞出阴干后播种;40%甲醛150倍液加新高脂膜800倍液浸种30min,后用清水冲洗干净,催芽播种。

(2)药剂拌种:用占干种子重量的0.2～0.3%的敌克松拌种或多菌灵拌种。

4. 土壤处理

土壤深翻晒垡,有枯萎病史的地块播前用多菌灵、敌克松、杀菌剂喷洒或用药土抛施。播种前进行土壤消毒。

5. 注意灌溉水的洁净

幼苗期要少灌、浅灌,提倡采取叶面喷施技术,增强植株抗病性。

6. 合理整枝

严防造成伤口过多以减少土壤中病菌侵入。整枝后每10～15d用甲基托布津等杀菌剂喷1次,发现病株立刻拔除深埋,在周围封闭喷药以防蔓延。

7. 加强管理

控制田间湿度、水肥条件,防止田间高温多湿,改善瓜地通风透光条件,培养壮苗,实行深沟、短沟浅灌。

8. 适时揭膜

地膜覆盖的哈密瓜地在生殖生长的高温阶段揭膜,配合中耕松土改善瓜地通透性。

9. 药剂防治

发病时期药液灌根，用10%双效灵200倍液或25%多菌灵可湿性粉剂，70%敌克松可湿性粉剂1 000倍液，甲基托布津可湿性粉剂1 000～1 500倍液，40%瓜枯宁1 000倍液，60%百菌通可湿性粉剂400～500倍液，抗霉菌素（120）2 000倍液等药剂灌根，隔7～10d 1次，每株灌0.25L。

六、病毒病

（一）为害症状

哈密瓜病毒病的病毒类型很多，以花叶型和蕨叶型最为常见。花叶型症状是：叶片上有黄绿相间的花斑，叶面凹凸不平，新生叶畸形，严重时病蔓细长瘦弱，节间短缩，花器发育不良，果实畸形。蕨叶型的症状是：心叶黄化，叶形变小，叶缘反卷，新生叶细长，皱缩扭曲，病叶叶肉缺损，仅沿主脉残存，呈蕨叶状。

（二）病原

危害哈密瓜的病毒种类很多，在我国较常见的有以下几种：黄瓜花叶病毒（CMV）、西瓜花叶病毒2号（WMV－2）、甜瓜花叶病毒（MMV）、南瓜花叶病毒（SqMV）、哈密瓜坏死病毒。稀释限点2 500～3 000倍，钝化温度60～62℃，体外存活期3～11d。

（三）传播途径与发病条件

病毒可以在许多多年生宿根作物、杂草根上越冬，也可以通过种子传播。在田间形成中心病株，也就是初次侵染的来源。

瓜类病毒多数可通过汗液摩擦传染，因此，在田间生长期除了昆虫如蚜虫、粉虱、蓟马等传播病毒外，田间农事操作如间苗、定苗、整枝、打杈、摘心等都可以传播病毒，使病害扩大蔓延。

病毒在不同温度条件下潜育期不同。哈密瓜花叶病毒潜育期一般为79d。高温、干旱、强日照等条件下，有利于蚜虫的繁殖和迁飞，有利于病毒的增殖，缩短了潜育期，增加田间再次侵染的数量，同时干旱也降低了植株的抗病性。管理粗放因缺水、缺肥导致发病重，一般播期早、定植早的发病轻，瓜田杂草丛生，瓜田附近种植蔬菜、番茄、黄瓜等作物，导致毒源多，发病重。

哈密瓜病毒病的发生与气候、品种和栽培条件有密切关系。温度高、日照强、干旱条件下，利于蚜虫的繁殖和迁飞传毒，也有利于病毒的发生。瓜田病毒病适温为18～26℃，在36℃以上时一般不表现症状。瓜生长不同时期抗病力不同，苗期到开花期为对病毒敏感期，授粉到坐瓜期抗病能力增强，坐瓜后抗病毒能力更强。故早期感病的植株受害重，如开花前感病株，可能不结瓜或结畸形瓜，而后期感病的多在新梢上出现花叶，不影响坐瓜。不同品种抗病性有差异，一般以当地良种耐病性较强，可结合产量、品质和经济效益的要求，因地制宜地选用。栽培条件中主要有管理方式、周围环境等，管理粗放、邻近温室、大棚等菜地或瓜田混作的发病均较重，缺水、缺肥、杂草丛生的瓜田发病也重。

（四）防治方法

选择抗病品种，铲除田边杂草，及时消灭带毒蚜虫，并加强栽培管理措施，是防治瓜类病毒的主要途径。

1. 种子处理

用10％磷酸三钠溶液浸种20min后，用清水洗净，再播种，可使种子表面携带的病毒失去活性。

2. 加强栽培管理

(1)忌重茬。

(2)加强肥水管理。施足基肥，苗期轻施氮肥。在保证植株正常生长的基础上，增施磷、钾肥。当植株出现病症时，增施氮肥，并灌水提高土壤及空气湿度，以促进生长，减轻危害。

(3)当田间出现个别病株时,应及早拔除。

(4)坐瓜期应用0.2%~0.3%磷酸二氢钾进行叶面追肥,可增强植株抗病性。

(5)田间及地边杂草应彻底铲除干净,防止昆虫传毒。

(6)在整枝时,健株和病株应分别进行,以防止接触传播。

3. 治蚜防病

在田间发现蚜虫中心株时,则应及时采用点片喷药进行控制,减少传毒媒介。

4. 药剂防治

发病初期,开始喷可用15%植病灵1 000倍液,或用20%病毒A可湿性粉剂500倍液,病毒必克700倍液,高效展叶灵600倍液,0.2%磷酸二氢钾喷雾,以增强植株抗病性,控制哈密瓜病毒病的蔓延及发展。

七、细菌性叶斑病

(一)为害症状

细菌性叶斑病为哈密瓜的重要病害,保护地、露地种植都可发病,严重地块或棚室病株率达80%以上,重病株因病坏死,明显影响生产。

主要为害叶片,重时亦侵染茎蔓和果实。叶片染病,初为暗绿色油渍状小点,以后扩展成近圆形至不定形灰褐至黄褐色斑,外围常具有一浸润状暗绿色晕圈,最后病斑呈油渍状暗褐色坏死。严重时叶片上病斑相互连接成片,短期内即致叶片坏死。茎蔓染病后呈暗绿色油渍状,重时龟裂流胶,湿度高时易腐烂。果实染病,初期多在果实表面产生水渍状绿褐色小斑,外围深绿色,病斑汇合形成黄褐色至褐色坏死大斑,易从病部开裂,最后腐烂。

(二)病原

病原为丁香假单胞杆菌黄瓜致病变种，属细菌。菌体短杆状，可串生，大小为(0.7～0.9)μm×(1.4～2.0)μm，极生1～5根鞭毛，有荚膜，无芽孢。革兰氏染色阴性，好气性。在肉汁胨琼脂培养基上菌落白色，近圆形，扁平，中央稍凸起，不透明，有同心环纹，边缘一圈薄而透明，菌落边缘有放射状细毛状物。

(三)传播途径与发病条件

病菌在种子内或随病残体在土壤内越冬。通过伤口或气孔、水孔和皮孔侵入，发病后通过雨水、浇水、昆虫传播，病害与结露或雨水关系密切。病菌生长温度1～35℃，发育适宜温度20～28℃，39℃停止生长，49～50℃致死。空气湿度高，或多雨，或夜间结露有利于发病。

(四)防治方法

1. 因地制宜选育和种植抗病品种

2. 加强栽培管理

与非瓜类作物进行2年以上轮作；用无病土育苗，适时移植；科学施肥，增施磷钾肥，提高植株抗病力；合理浇水，防止大水漫灌，保护地注意通风降湿，缩短植株表面结露时间，注意在露水干后进行农事操作，及时防治田间害虫；田间发现病株及时拔除，拉秧后彻底清除病残落叶，减少传染源。

3. 种子处理

选用无病种子，播种前用50～52℃温水浸种30min后催芽播种，或选用种子重量0.3%的47%加瑞农可湿性粉剂拌种。

4. 药剂防治

发病初期进行药剂防治，可选用5%加瑞农粉尘剂15kg/hm^2喷粉防治。也可用47%加瑞农可湿性粉剂600倍液，或用25%二噻农加碱性氯化铜水剂500倍液,25%噻枯唑300倍液,新植霉素5 000倍液喷雾防治。

八、哈密瓜细菌性角斑病

细菌性角斑病是危害哈密瓜的一种重要病害,常造成减产并使哈密瓜品质变坏。

(一)为害症状

该病在苗期和成株期均可发生,主要为害叶片,也能侵染茎蔓和瓜果。幼苗发病,在子叶上形成水渍状圆形稍凹陷病斑,后期病斑变成黄褐色,如果病斑向幼茎蔓延,则可引起幼苗软化死亡。成株期受害,在叶片上先出现针头大小的水渍状、淡绿色小斑点,病斑扩大过程中因受叶脉限制而呈多角形、黄褐色,后期呈灰白色,病斑易干枯而穿孔。潮湿时病斑外围有明显的水渍状晕圈,病斑背面溢出白色黏液,干后呈一层灰白色膜。雌花和小幼瓜受害易导致落花、落果。瓜部发病,初期产生水渍状圆形斑点,通常比叶片病斑小,后期呈淡褐色,形成溃疡状或开裂,湿度大时可溢出白色黏液。病斑可向瓜内扩展,使维管束及周围果肉组织变褐色,并蔓延到种子,最后病瓜腐烂。茎和叶柄发病,产生水渍状黄色条斑,并常有白色黏液。该病易与霜霉病相混淆,鉴别时要注意仔细观察:一是病斑水渍状比霜霉病更为明显,病斑较薄,颜色较浅,干燥后易破裂穿孔;二是湿度大时病斑上分泌黏液而不是产生霉层。

细菌性角斑病除侵染哈密瓜外,还可侵染黄瓜、西瓜、南瓜、西葫芦、冬瓜、苦瓜、丝瓜、番茄、茄子、葫芦等。

(二)病原

病原为丁香假单胞杆菌属细菌。

(三)传播途径与发病条件

病原细菌在种子上或随病残体留在土壤中越冬,成为翌年的初侵染源。病原细菌借风雨、昆虫和农事操作中人为的接触进行传播,从寄主的气孔、水孔和伤口侵入。细菌侵入后,初在寄主细胞间隙中,后侵入到细胞内和维管束中,侵入果实的细菌则沿导管进入种子。温暖高湿条件,即气温 21～28℃,相对湿度 85%以上有利于发病,低洼地及连作地块发病重。

近年来该病在一些地区有加重发展的趋势,其原因是:

1. 重茬种植

重茬、浅耕导致土壤表面病残体不易腐烂而积聚。另外,有些瓜地周围地块前茬种植同科易感病寄主作物,越冬菌源量大,易于病菌初侵染。

2. 农事操作不当

农事操作中人为导致茎叶、幼瓜创伤,特别是中后期大水漫灌、通风不良,棚内相对湿度超过 75%时,有利于病菌再侵染。有的对病害诊断不清,将细菌性病害误认为真菌性病害防治,错过了防治的有利时机。

3. 施肥不合理

长期单一施用化肥,不施或少施有机肥,特别是重施氮肥,少用磷钾肥和多元微肥,造成土壤养分失调,从而降低植株的抗病性。

(四)防治方法

防治细菌性角斑病,要从农业措施入手,采取综合防治措施。点面结合,早防、早治,避免病菌扩散。

1. 抓好农业防治

首先,要合理轮作,选好茬口。哈密瓜要与葫芦科茄科以外的非易感寄主作物实行 3 年以上的轮作,且选择地势平坦的壤土或沙壤土为宜。其次,在瓜果收获后,要及时清理叶蔓,对烂瓜、幼果要深埋。三是深翻土壤，增施腐熟的有机肥，配施全营养素化肥。四是苗圃周围不种植易感病寄主作物。五是采用"龟背式"栽培方式以减少畦面积水，降低棚内湿度，优化操作程序，创造不利于病菌繁殖、侵染的棚室环境。

2. 加强植物检疫

选择有产地检验编号和种子生产许可证的正规厂家生产的良种，不购买无证、伪劣种子。

3. 做好种子处理

(1)温汤浸种：将相当于种子体积 3 倍的 55～60℃ 的温水，倒入盛种子的容器，边倒边搅动，待水温降至 30℃ 时浸种 6～8h 后捞出催芽。

(2)干热消毒：将干燥的种子放在 70℃ 的干热条件下处理 72h，然后浸种、催芽，对侵入种子内部的病菌有特殊的消毒作用。

(3)种子消毒：可用次氯酸钙 300 倍液浸种 30～60min，或用 40%的福尔马林 150 倍液浸种 15h，也可用 200mg/kg 的硫酸链霉素浸种 2h 或 1%稀盐酸水浸种 5min，捞出、冲洗干净后催芽播种，这种方法对防治细菌性角斑病效果好。

4. 药剂防治

田间防治以选用铜制剂和抗生素防治效果最佳。药剂有 77%多宁可湿性粉剂 600～800 倍液、14%络氨铜水剂 300 倍液、50%甲霜铜可湿性粉剂 600 倍液、60%琥·乙膦铝可湿性粉剂 500 倍液、72%农用链霉素可湿性粉剂 4 000倍液等，在发病初期每隔 7～10d 喷药 1 次，连续防治 2～3 次，可有效控制田间病菌扩散。

九、菌核病

(一)为害症状

苗期发病始于基部，病部初呈水浸状浅褐色，湿度大时长出白色絮状霉(即菌丝),呈软腐状,干燥后呈灰白色,病部缢缩,苗枯死。成株期染病,叶片染病始于叶缘,初呈水渍状,淡绿色,湿度大时长出少量白霉,病斑呈灰褐色,蔓延速度快,致病叶枯死。茎染病多由叶柄基部侵入,病斑灰白色稍凹陷,后期表皮纵裂,病髓部遭破坏而中空,常见茎表面形成菌核,剥开茎部可发现大量菌核,病情严重时植株枯死。

慈溪市近年发病严重,平均株发病率5%～10%,果实发病率6%左右。个别棚室的哈密瓜因受此病为害较重,产量损失较大。

(二)病原

此病由核盘菌[*sclerotinia sclerotiorum*(*Lib*) *de Bary*]侵染所致,该菌属子囊菌亚门真菌。菌核鼠粪状或球形,大小0.8～2.3mm,菌核在适宜环境产生子囊盘,子囊盘杯状或盘状。子囊棒状或圆筒状,有侧丝,内含8个子囊孢子,子囊孢子椭圆形,无色。

(三)传播途径与发病条件

菌核无休眠期,抗逆性很强,在温度18～20℃时,光照和水分足够的条件下即萌发,产生菌丝体或子囊盘。开盘后经4～7d弹射孢子后凋谢。菌核是哈密瓜菌核病的主要侵染源。低温高湿是南方早春哈密瓜菌核病发病重要因素,所以在早春保护地哈密瓜种植中因棚室昼夜温差大、为保温通风时间短,相对湿度大,容易造成菌核的萌发,形成子囊盘并产子囊孢子,借风雨和浇水进行传播蔓延,时间一般在2～5月,是该病的初侵染期,一般有一个发病中心。病叶、病果与健叶、健果接触造成田间再侵染。

(四)防治方法

1. 施充分腐熟的有机肥,深耕翻地后高温闷棚

使棚内最高温度达到60℃以上,杀死有机肥和土壤中的菌核。深耕翻地可使菌核埋入耕层下半部导致菌核不能萌发。

2. 培育无病苗，定植后覆盖地膜

可利用地膜抑制菌核萌发及子囊盘出土，防止育苗传播此病。

3. 加强棚室温度和湿度调控

以降湿、升温减少菌核及子囊孢子传播蔓延。

4. 用烟雾剂和粉尘剂防治。发病初期1亩用10%速克灵烟雾剂250～300g，于傍晚熏烟后密闭1夜；也可于傍晚1亩喷洒5%百菌清粉剂，隔7～8d防治1次。

5. 喷洒药剂。盛花期或发病初期喷50%农利灵或速克灵可湿性粉剂1 000～1 500倍液或40%菌核净1 000～1 500倍液；50%多菌灵可湿性粉剂或50%甲基托布津500倍液，隔5～7d喷1次，连续3～5次。

十、炭疽病

（一）危害症状

哈密瓜炭疽病一般在整个生育期均可发生，植株受害后易造成茎叶枯死、果实开裂腐烂，也是哈密瓜收获后运输和贮藏期的重要病害。

此病主要在生长的中、后期发生，但在条件适宜的情况下，亦会在苗期发生，苗期在近地面处的茎部变成黑褐色而缢缩，发生猝倒。叶片发病，最初出现淡黄色、水浸状纺锤形或圆形斑点，很快就干枯成黑色，外围有一紫黑色圈，有时出现同心轮纹。病斑继续扩大或互相连接，干燥时容易破碎，叶片死亡。蔓和叶柄受害时，初为近圆形、水浸状黄褐色病斑，后变为黑色，逐渐导致整个叶柄或茎被病斑包围，全叶或全茎枯死。果实发病，在开始时出现暗绿色油浸状斑点，病斑扩大后呈圆形或椭圆形凹陷，暗褐色乃至黑褐色。病斑凹处出现龟裂，当天气潮湿时，中部产生粉红色黏质物（分生孢子），严重时病斑连片，以致腐烂。侵害幼果时，往往造成整个果实变黑，收缩腐败。

（二）病原

无性世代属半知菌亚门黑盘孢目炭疽菌属。有性世代为子囊菌，在自然情况下很少出现。病菌存在生理专化现象，至少有 3 个不同小种对哈密瓜具有不同程度的毒害。

（三）传播途径与发病条件

病菌主要随寄主残余物遗留在土壤中或附在种皮上越冬，依靠风吹、雨溅、水冲和理蔓等农事活动传病。在 10～30℃的温度范围内容易发病，但以 24℃为最适，4℃以下不能萌发。

（四）防治方法

1. 播种前进行种子消毒

2. 农业防治

培育壮苗；选地种植；适当密植；及时进行植株调整；抓好大棚温湿度调控，减少叶面结露；做好田园清洁，随时清除病蔓、病叶，加以烧毁或深埋；不用带菌新鲜有机肥；实行轮作；深沟高畦，降低地下水位；畦面铺膜；增施磷、钾肥等。

3. 药剂防治

发病初期摘除病叶后，可用 80%炭疽福美 800 倍液，或用 70%甲基托布津 800～1 000倍液，75%百菌清 50mL/亩加 10%世高 15mL/亩对水 30～40L，45%百菌清烟剂，每 10d 左右熏 1 次，连续 2～3 次。

4. 及时采摘

严格挑选，剔除病伤瓜，用 40%福尔马林 100 倍液喷洒瓜面消毒。贮运中要保持阴凉，注意通风排湿，防止运输与贮藏中发病。

十一、幼苗猝倒病

猝倒病主要发生在苗期，受害幼苗突然倒伏死亡，是哈密瓜苗期主要病害之一。

（一）危害症状

受害苗在根茎部呈水浸状病斑，接着病部变黄褐色而干枯收缩，子叶尚未凋萎幼苗即猝倒。病害发展很快，几天后，即以病株为中心蔓延至邻近植株，引起成片猝倒。在高温高湿时，病残体表面及其附近的土壤上会长出 1 层白色棉絮状的菌丝。

（二）病原

由腐霉菌属的藻状菌（瓜果腐霉菌）侵害引起。

（三）传播途径与发病条件

病菌的腐生性很强，以卵孢子在土壤中越冬，可在土壤中长期存活，特别在富含有机质的土壤中存在较多。

土壤湿度大、土壤温度在 10～15℃时，病菌繁殖最快，30℃以上则受到抑制。早春育苗时，往往因土温低，相对湿度大，通风不良等综合的环境条件，引起猝倒病的严重发生。

（四）防治方法

1. 把好播种关

认真做好床土和种子消毒，并用药土盖种。

2. 培育壮苗

在苗床管理中要注意覆盖保温，提高苗床温度。创造有利于幼苗生长的环境条件，使幼苗生长健壮，提高抗病力。

3. 做好药剂防治

发现病株立即喷施下列药剂：64％杀毒矾 600 倍药液；70％甲

基托布津 500～800 倍液；75％百菌清 600 倍液，每周喷药 1 次，连续喷 2～3 次；也可用敌克松 500 倍液灌根部，每株 250mL。

十二、立枯病

立枯病是哈密瓜苗期主要病害之一，在育苗期常与猝倒病相伴发生。

（一）危害症状

出苗前感病，会导致烂种和烂芽。幼苗出土后，染病株在根茎基部出现黄褐色长条形或椭圆形的病斑，发病初期病苗白天萎蔫，夜晚恢复，病斑凹陷，逐渐环绕幼茎缢缩成蜂腰状，病苗很快萎蔫、枯死，呈立枯状。以此与猝倒病相区分。

（二）病原

由半知菌亚门无孢目丝核菌属的立枯丝核菌引起。

（三）传播途径与发病条件

立枯丝核菌腐生性较强，主要以菌丝体或菌核在土壤内的病残体及土壤中长期存活，也能混在没有完全腐熟的堆肥中生存越冬。极少数以菌丝体潜伏在种子内越冬。

立枯病的发生与气候条件、耕作栽培技术、土壤及种子质量等密切相关。在土壤 pH 值 6～8，温度 25～28℃时最易发生。播种后，若遇低温多雨，常诱发烂根。种子饱满，播种后出苗迅速，秧苗整齐而粗壮的，发病轻，反之，则发病重；多年连作的瓜田或施入未腐熟的厩肥，瓜苗发病重；播种过早或播得过深（6cm 以上），均会使小苗延迟出土，易引起发病；地势低洼，排水不良，土壤黏重，通气性差，植株长势弱，发病严重。

（四）防治方法

参考猝倒病的防治方法。

第二节　虫害的防治

一、斑潜蝇

斑潜蝇属双翅目潜蝇科，可为害瓜类的主要有美洲斑潜蝇、南美斑潜蝇、番茄斑潜蝇等，其中以美洲斑潜蝇传播快，发生普遍，为害严重，是检疫对象。美洲斑潜蝇寄主广泛，可寄生 100 多种植物，如瓜类、豆类、茄果类等蔬菜和花卉。斑潜蝇以幼虫在叶片中潜食叶肉，形成弯曲的隧道，严重时叶片枯萎，甚至整株枯死。

1. 形态特征（美洲斑潜蝇）

（1）成虫。体长 2～2.5mm，翅展 5～7mm。体大部亮黑色，头部黄色，复眼红褐色，触角鲜黄色，胸部发达，中胸侧片黄色，双翅，紫色，透明，雌蝇腹部肥大。腹部各背板边缘黄白色。

（2）卵。长约 0.3mm，卵圆形，乳白或灰白色，略透明。

（3）幼虫。体长 2.9～3.5mm，蛆状，前端可见能伸缩的口钩，体表光滑柔软，幼虫自小至老熟，体色逐渐由乳白变黄白或鲜黄色。

（4）蛹。长约 2.5mm，长椭圆形略扁。初为黄色，后变为黑褐色。

2. 发生规律

1 年发生 12～13 代，多达 18 代。长江流域以蛹越冬为主，少数幼虫、成虫也可越冬，从早春起，虫口数量逐渐上升，到春末夏初危害猖獗。成虫白天活动，耐低温，吸食花蜜，对甜剂有较强的趋性。卵散产，多产在叶背面边缘的叶肉上，尤以叶尖处居多，每雌蝇可产卵 45～98 粒。成虫寿命 7～20d，卵期 5～11d，幼虫期 5～14d，共 3 龄。老熟幼虫在蛀道中化蛹，蛹期 5～16d。

3.防治方法

(1)加强检疫,防止传入未发生的地区。

(2)清洁田园。将前茬作物残株落叶清理烧掉,减少越冬蛹基数。

(3)物理防治。成虫有趋黄色的习性,可利用黄板诱杀。

(4)诱杀成虫。在越冬代成虫羽化盛期,用诱杀剂点喷部分植株。诱杀剂可用甘薯或胡萝卜煮液为诱饵,加 0.05%敌百虫为毒剂制成。每隔 3~5d 点喷 1 次,共喷 5~6 次。

(5)药剂防治。始见幼虫潜蛀的隧道时为第 1 次用药适期,每隔 7~10d 喷 1 次,共 2~3 次。常用药剂有 80%敌敌畏;或 90%敌百虫 800~1 000倍液喷雾。

二、瓜蚜

瓜蚜又名棉蚜、蜜虫,属同翅目蚜科。

瓜蚜以成蚜、若蚜在瓜类叶背面和嫩茎上吸食汁液,造成叶片向背面卷缩,生长受到抑制,其分泌的蜜露受真菌的寄生,叶片上产生煤污,影响光合作用。严重为害时,植株生长发育迟缓,甚至停顿,开花坐果延迟,果实变小。瓜蚜同时又是传毒媒介,会导致病毒侵染,使产量降低,品质变差。

1.形态特征

蚜虫在一个年生长周期中有许多形态,以越冬卵孵化的蚜虫称为干母。无翅,宽卵圆形,暗绿色至黑绿色,体长约 1.6mm,宽 1.07mm,触角 5 节。干母能胎生无翅雌蚜和有翅雌蚜。无翅雌蚜体长 1.5~1.9mm,体色随温度高低而变化,春秋季为深绿至黑绿色,夏秋季为黄绿色;有翅雌蚜体长 1.2~1.9mm,体色黑绿至黄色。

2.发生规律

瓜蚜 1 年发生 20~30 代。受精卵在第 1 寄主上越冬,春季孵化出来的干母全部是无翅胎生雌蚜,其后代为干雌,大多无翅,仍营孤雌胎生，少数为有翅迁移蚜。干雌的下一代大部为有翅迁移蚜，飞至第2寄主蔓延危害。晚秋产生有翅迁移蚜陆续迁回第1寄主，雌雄交配，产卵越冬。瓜蚜生活周期短，早春和晚秋季节10多天1代，夏季4d左右1代，繁殖快，在短期内种群迅速扩大。蚜虫喜旱怕雨，干旱少雨易大发生。瓜蚜群落的兴衰常受制于天敌，有翅蚜对黄色和橙黄色趋性强。

3.防治方法

防治的重点在苗期和结瓜前。

(1)播种育苗前，彻底清除前茬和杂草，消灭越冬卵。

(2)物理防治：有翅蚜对黄色有趋性，而银灰色对它则有驱避作用。利用此特性，可在瓜田设置黄色板，上面涂上凡士林或机油，以诱杀蚜虫。用银灰色塑料膜覆盖，或在田间挂放银灰色薄膜条，可驱避有翅蚜。

(3)药剂防治：用21%灭杀毙乳油、2.5%溴氰菊酯乳油、10%吡虫啉可湿性粉2 000倍液防治。抗蚜威(避蚜雾)对瓜蚜防效差不宜使用。

三、红蜘蛛

红蜘蛛又称瓜叶螨，俗称火龙，属蜘蛛纲蝉螨目叶螨科，是哈密瓜的重要害虫之一。

该虫在我国分布广泛，为杂食性害虫，以成虫和若虫在叶背面吸食汁液，形成淡黄色斑点，叶片逐渐失绿而枯黄，直至干枯脱落，影响哈密瓜产量和品质。

1.形态特征

雌螨体长0.48～0.55mm，宽0.35mm，体形椭圆，体色常随寄主而变化。基本色调为锈红色或深红色，体背两侧有长条块状黑斑2对。雄螨体长0.35mm，宽0.19mm，近菱形，头胸部前端近圆形，腹部末端稍尖，体色比雌虫淡。卵圆球形，直径约0.13mm，初产无色透明，渐变淡黄，孵化前微红。幼螨足3对，体近圆形，初孵化身体透明，取食后变暗绿，蜕皮后变第1若螨，再蜕皮为第2若螨，足4对。第2若螨蜕皮后为成螨。

2. 发生规律

每年发生10～20代，繁殖力极强，雌成虫在10月份迁至杂草、作物的枯枝落叶和土缝中越冬。在南方气温高的地方，冬季在杂草、绿肥上仍可取食，并不断繁殖。春季气温为6℃时，即可出来危害，气温上升到10℃以上时，开始大量繁殖。繁殖方式以两性生殖为主，也可营孤雌生殖。一般3～4月份先在杂草和其他寄主作物上取食，4月下旬至5月上中旬迁入瓜田。点片发生，先危害植株下部叶片，然后向上蔓延，靠爬行，借风力、流水、农业机具等传播。发育最适温度为25～29℃，最适空气相对湿度为35%～55%，6～8月若高温少雨年份常常发生。夏秋多雨，对其有抑制作用。

3. 防治方法

(1)农业防治：实行轮作；秋后清除、烧毁瓜田周围杂草，消灭越冬叶螨。

(2)药剂防治：在叶螨发生量较大时，可用20%双甲脒1 000～1 500倍液(25℃以下使用700～800倍液)；或用1%杀虫素2 500倍液，75%克满特1 500倍液喷雾。

如无其他害虫同时发生，尽量不使用菊酯类全杀性药剂，以保护天敌。

四、蓟马

蓟马属缨翅目蓟马科。为害哈密瓜的蓟马有黄蓟马(又名瓜蓟马)和烟蓟马(又名棉蓟马、葱蓟马)。

蓟马以成虫和若虫锉吸心叶、嫩芽和幼果的汁液，致使心叶不能展开，生长点萎缩。幼瓜受害后，表皮呈锈色，幼瓜畸形，生长缓慢，严重时造成落果。成瓜受害后，瓜皮粗糙有斑痕，或带有褐色波纹，或整个瓜皮布满“锈皮”，呈畸形。

1.形态特征

黄蓟马成虫体黄色，触角 7 节，雌虫体长 1～1.1mm，雄虫0.8～0.9mm。卵长椭圆形，淡黄色。第 1 龄若虫体长 0.3～0.5mm，乳白色至淡黄色。第 2 龄若虫体长 0.6～1.1mm，淡黄色。烟蓟马雌虫体长 1.2mm，体淡棕色，触角第 4、第 5 节末端色较浓，腹部第 2 至第 8 节前缘有两端略细的栗棕色横条。

2.发生规律

蓟马 1 年发生 10 多代，世代重叠。以成虫潜伏在土块、土缝下和枯枝落叶间过冬，少数以若虫过冬，翌年温度为 12℃时开始活动。孤雌生殖，雌虫产卵于嫩叶组织。蓟马喜温暖干燥，烟蓟马在 15～25℃时生长发育繁殖最快。蓟马若虫在土内化蛹，田间表层土壤含水量在 9%～18%时，对化蛹、羽化较为适宜。

3.防治方法

(1)清除杂草，加强肥水管理，干旱时灌水，可减轻危害。

(2)药剂防治：用种子包衣剂处理种子。发生期可选用 1%杀虫素 2 000倍液；或用 20%好年冬 2 000倍液喷雾，连续用药 2～3 次；或用喷布 50%辛硫磷乳油、50%马拉硫磷乳油、40%乐果乳油 1 000倍液或用 25%杀虫双水剂 400 倍液防治。

五、瓜绢螟

瓜绢螟别名瓜螟、瓜野螟，是哈密瓜的一种主要虫害。

幼龄幼虫在叶背啃食叶肉，被害部位呈白斑，3 龄后吐丝将叶或嫩梢缀合，匿居其中取食，致使叶片穿孔或缺刻，严重时仅留叶脉。幼虫常蛀入瓜内、花中或潜蛀瓜藤，影响产量和质量。

1.形态特征

(1)成虫。体长 11～13mm，翅展 24～26mm。头胸部黑色，前后翅白色半透明，略带紫光，前翅前缘和外缘、后翅外缘均黑色。腹部大部分白色，尾节黑色，末端具黄褐色毛丛，足白色。

(2)卵。扁平，椭圆形，淡黄色，表面有网纹。

(3)幼虫。末龄幼虫体长 23～26mm。头部、前胸背板淡褐色,胸腹部草绿色,亚背线粗,白色,气门黑色。各体节上有瘤状突起,上生短毛。

(4)蛹。长约 14mm,深褐色,头部尖瘦;翅基伸及第 6 腹节。外披薄茧。

2. 发生规律

一年发生 3～6 代,以老熟幼虫或蛹在枯卷叶或土中越冬。翌年 4 月底羽化,5 月幼虫为害,7～9 月发生数量多,世代重叠,为害严重,11 月后进入越冬期。成虫夜间活动,趋光性弱,雌蛾产卵于叶背,散产或几粒在一起,每雌可产 300～400 粒。幼虫 3 龄后卷叶取食,蛹化于卷叶、落叶或根际表土中,结有白色薄茧。

3. 防治方法

(1)农业防治。幼虫发生初期,及时摘除卷叶,以消灭部分幼虫;哈密瓜收摘完毕后,及时清理瓜地,消灭藏匿于枯藤落叶中的虫蛹。

(2)药剂防治。以 18%阿维菌素 1 000倍液、10%吡虫灵 750倍液、48%乐斯本 1 000倍液、48%毒死蜱 1 000倍液喷杀,或用 20%氰戊菊酯 3 000倍液,80%敌敌畏 1 000倍液喷杀。

六、温室白粉虱

温室白粉虱属同翅目粉虱科。1975 年始发于北京,现几乎遍布全国,主要为害温室大棚及露地瓜类、茄果、豆类等蔬菜。成虫和若虫吸食植物汁液,被害叶片褪绿、变黄、萎蔫,甚至全株枯死。此外,由于其繁殖力强,繁殖速度快,种群数量庞大,群聚为害,并分泌大量蜜液,严重污染叶片和果实,往往引起煤污病的大发生,使蔬菜失去商品价值。同时它也是一种传毒媒介,传播病毒病。

1. 形态特征

成虫体长 1～1.5mm,淡黄色。翅面覆盖白蜡粉,停息时双翅在体上合成屋脊状如蛾类,翅端半圆状遮住整个腹部,翅脉简单,沿翅外缘有一排小颗粒。卵长约 0.2mm，侧面观长椭圆形，基部有卵柄，柄长 0.02mm，从叶背的气孔插入植物组织中。初产淡绿色，覆有蜡粉，而后渐变褐色，孵化前呈黑色。1 龄若虫体长约 0.29mm，长椭圆形，2 龄约 0.37mm，3 龄约 0.51mm，淡绿色或黄绿色，足和触角退化，紧贴在叶片上营固着生活；4 龄若虫又称伪蛹，体长 0.7～0.8mm，椭圆形，初期体扁平，逐渐加厚呈蛋糕状（侧面观），中央略高，黄褐色，体背有长短不齐的蜡丝，体侧有刺。

2. 发生规律

北方温室年发生 10 多代，南方更多，它以各虫态在温室越冬并持续为害。成虫有趋嫩性，白粉虱的种群数量，由春至秋持续发展，夏季的高温多雨抑制作用不明显，到秋季数量达高峰。除在温室等保护地发生为害外，对露地栽培植物为害也很严重。在自然条件下不同地区的越冬虫态不同，一般以卵或成虫在杂草上越冬。繁殖适温 18～25℃，成虫有群集性，对黄色有趋性，忌避银灰色。初孵若虫经短距离爬行，将口针插入叶内，即固定为害。

3. 防治方法

（1）农业防治：①培育“无虫苗”，育苗时把苗床和生产温室分开，育苗前苗房进行熏蒸消毒，消灭残余虫口；②清除杂草、残株，通风口增设尼龙纱或防虫网等，以防外来虫源侵入；③合理种植避免混栽，避免黄瓜、番茄、菜豆等白粉虱喜食的蔬菜混栽；④加强栽培管理，结合整枝打杈，摘除老叶并烧毁或深埋，可减少虫口数量。

（2）物理防治。利用白粉虱强烈的趋黄习性，在发生初期，将黄板涂机油挂于蔬菜植株行间，诱杀成虫。

（3）生物防治：采用人工释放丽蚜小蜂、中华草蛉和轮枝菌等天敌可防治白粉虱。人工释放丽蚜小蜂，每隔 10d 放 1 次，共放3～4 次。

（4）药剂防治：发生初期用 20%杀介螟及 10%吡虫灵 1 500倍液喷杀。或用 25%扑虱灵可湿性粉剂 1 500～2 000倍液或菊酯类农药 3 000倍液喷杀防治。

七、守瓜

守瓜属鞘翅目叶甲科。为害哈密瓜的守瓜有多种，现介绍发生普遍为害最重的黄足黄守瓜。成虫咬食叶片成环形缺刻，重者成网状，还能咬断瓜苗，食害花和幼瓜。幼虫在土内害根或蛀入茎内取食，致瓜苗生长不良或枯死。

1. 形态特征

成虫体长 8～9mm，黄褐色，有光泽，仅中后胸腹面黑色，足黄色。幼虫体长约 12mm，头褐色，胸腹部黄白色。

2. 发生规律

华北地区每年 1 代，南方 2～3 代。成虫在杂草、落叶和土缝中群集越冬。次年春季瓜苗出土前，先在蔬菜、杂草、果树上取食，瓜苗长到 3～5 片叶时，为害瓜苗。成虫寿命较长，可达数月。成虫有假死性，耐热喜湿，喜在潮湿的瓜根或土中产卵。

3. 防治方法

(1)利用成虫假死性，于清晨捕杀。

(2)瓜苗周围撒麦壳、糠秕、草木灰等，防止成虫产卵。

(3)药剂防治：用 90%晶体敌百虫、50%敌敌畏乳油 1 000倍液，或用 20%杀灭菊酯乳油 3 000倍液防治成虫。幼虫期用敌百虫 2 000倍液灌根或 48%乐斯本 1 000倍液喷雾防治。

八、斜纹夜蛾

斜纹夜蛾属鳞翅目，夜蛾科，是一种杂食性害虫，全国各地均有分布。该虫取食大棚幼苗及田间小苗叶片，造成叶片残缺不全，严重时可将幼苗叶片吃光。

1. 形态特征

(1)成虫：体长 16～27mm，翅展 33～46mm。头、胸及前翅褐色。前翅略带紫色闪光，有若干不规则的白色条纹，内、外横线灰白色、波浪形，自内横线前端至外横线后端，雄蛾有一条灰白色宽而长的斜纹，雌蛾有3条灰白色的细长斜纹，3条斜纹间形成2条褐色纵纹。后翅灰白色。腹末有茶褐色长毛。

(2)卵：半球形，初产黄白色，孵化前紫黑色。产卵块，上覆成虫黄色体毛。

(3)幼虫：老熟幼虫体长38～51mm。头部黑褐色，胸腹部颜色变化较大，呈黑色、土黄色或绿色等。中胸至第九腹节背面各具有近半月形或三角形的黑斑1对，其中第一、第七、第八腹节的黑斑最大。中后胸的黑斑外侧有黄白色小圆点。

(4)蛹：长18～23mm，自褐色至暗褐色。第四至第七节背面近前缘密布小刻点，腹末有臀棘1对。

2. 发生规律

该虫在广西每年可发生9代，在香蕉种植区无越冬现象，可周年为害。成虫喜在蕉叶背面产卵。初孵幼虫群集叶背啃食，仅留上表皮，2龄后分散为害，5龄后进入暴食期。幼虫6～8龄，历期11～20d不等。幼虫有假死和避光习性。高龄幼虫白天多躲在背光处或钻入土缝中，夜间活动取食。老熟幼虫入土化蛹。

3. 防治方法

(1)农业防治：①深翻土壤，杀灭部分幼虫和蛹；②清洁田园，清除田间及其周围的杂草，减少产卵场所，消灭土中的幼虫和蛹，哈密瓜收获后及时清园，将残株落叶带出田外烧毁。③结合其他农事活动摘除卵块和初孵幼虫的叶片，对于大龄幼虫采用人工捕杀。

(2)诱杀成虫：利用斜纹夜蛾成虫具有较强的趋光性、趋化性和趋味性，在成虫发生期采用黑光灯、频振式杀虫灯、性诱剂、糖醋液(配方是糖6份：醋3份：白酒1份：水10份和90%敌百虫1份)等进行诱杀。

(3)药剂防治：根据斜纹夜蛾成虫消长及昼伏夜出的特性，在卵孵盛期，最好在2龄幼虫始盛期于下午6点以后，选用农地乐1500倍液，或48%乐斯本1000倍液或10%除尽1500倍液或奥绿1号800倍液,或20%米满1500倍液,或10%卡死克1500倍液喷施,每隔7～10d喷1次,连续喷2～3次。或以糖醋(糖6份、醋3份、白酒1份、水10份、敌百虫1份)诱杀,或以20%垄歌1500倍液喷杀。

第三节　哈密瓜生理性病害防治

生理性病害主要有沤根、烧根、秧苗徒长、畸形果、裂果等。

一、沤根

1.症状

沤根病是哈密瓜育苗期常见的病害之一。苗期遇连阴天、下雪、下雨后,往往引起哈密瓜苗沤根死亡。发生沤根时,根部不发新根或不定根,根皮发锈后腐烂,致使地上部萎蔫,且容易拔起,地上部叶缘枯焦。病情较重时,地上部分萎蔫,停止生长,成片干枯,似缺素症。

2.发生原因

沤根病的起因是低温,土壤湿度过大(由于浇水不均或苗床不平而引起个别地方积水)且持续时间长引起。地温低于12℃,根际缺氧,幼苗呼吸受阻,吸水能力过低,持续时间一长就会发生沤根。长期处于5～6℃低温,尤其是夜间的低温,致生长点停止生长,老叶边缘逐渐变褐,致瓜苗干枯死亡。

3.解决对策

调节好大棚温湿度,使之符合哈密瓜正常生长的要求,如土壤有积水,应及时予以排除。

二、烧根

1.症状

幼苗矮小,叶片暗绿色无光泽,顶叶皱缩,根部须根短小,根尖发黄，但不烂根。

2. 发生原因

苗期哈密瓜幼根组织柔嫩，施用未腐熟的有机肥，或化肥用量过多，土壤溶液浓度过大，一般浓度超过1%易引起烧根。

3. 解决对策

施用腐熟有机肥，控制化肥用量。

三、僵苗

1. 症状

僵苗在苗期和定植后均能发生，其主要表现是生长长期处于停滞状态，幼苗或植株增长量小，展叶慢，叶色灰绿，原有子叶和真叶变黄，地下根发黄，甚至褐变，新生的白根少。僵苗恢复很慢，一旦发生就会延误有利的生长季节，严重地影响产量，是苗期和定植前期的主要生理病害。

2. 发生原因

僵苗发生的原因有5条：一是气温偏低，土壤温度低，不能满足哈密瓜根系生长的基本温度要求；二是土质黏重，土壤含水量高，在湿度大、通气少的根区条件下发根困难，根的吸收能力差，在定植后连续阴雨条件下发生尤为严重；三是秧苗素质差，定植时苗龄过长，定植过程中根系损伤过多，或整地、定植时操作粗糙，根部架空、影响发根；四是苗床或定植穴内施用未经腐熟的农家肥发热烧根或施用化肥较多，土壤溶液浓度过高而伤根；五是地下害虫为害根部。

3. 解决对策

(1)改善育苗环境，培育生长正常、根系发育好、苗龄适当(30～35d)的健壮苗。

(2)适时定植，防止定植后晚霜侵害，根据气象预报选择冷尾暖头晴天定植。

(3)定植时高畦深沟，加强排水，适当增施穴肥(腐熟农家肥)，促根生长。

(4)加强土壤管理,前期勤中耕松土,或采用地膜覆盖增温、保水、防雨,改善根系生长条件。

(5)防治蚂蚁等地下害虫。

四、疯秧(徒长)

1.症状

疯秧是指哈密瓜幼苗或植株营养生长过于旺盛,出现徒长,表现为节间伸长,叶柄和叶身变长,叶色淡绿,叶质较薄,组织柔嫩。疯秧在苗期至坐果前均能发生。在坐果期表现茎粗、叶大、叶色浓绿,生长点翘起,不易坐果。在日光温室、大棚栽培温度管理不当时更易发生,疯秧对低温适应性较差,容易发生冻害,影响结果导致减产。

2.发生原因

(1)苗床或大棚温度过高,光照不足,土壤和空气湿度高,在高温高湿、光照不足的条件下很容易发生。

(2)氮素营养过高,营养生长与生殖生长失调。

3.解决对策

(1)控制基肥用量;前期少施氮肥,注意磷钾肥的配合,是防止疯秧的最根本措施。

(2)大棚栽培时温度应采取分段管理,适时通风、排湿,增加光照,避免温度过高,应用大温差管理,降低夜温。

(3)对已造成的疯秧植株,可适当整枝、打顶以抑制其营养生长,如全田植株徒长,则可采取去强留弱的整枝或部分断根等手段控制营养生长,并采取人工辅助授粉。促进坐果,使生长中心从速转移至果实生长。

五、异形苗

1.症状

异形苗是指子叶缺损(只有 1 枚子叶或子叶大小不一),生长点不能及时舒展而形成封顶苗，而后发生侧枝呈丛生状。

2. 发生原因

(1)种子发育不完全，种胚不完备，有相当比例的大小胚、折叠胚。

(2)种子不饱满或者是陈种，生活力低。

(3)种子在发芽过程中主根受机械损伤，由于根系再生能力差，幼苗根量很少，因而影响幼苗正常生长。

(4)幼苗生长点受损或受某些物质的刺激引起。

3. 解决对策

(1)育苗时选用饱满、活力强的新种子，以减少畸形苗、封顶苗的发生。

(2)改进营养土结构和营养条件，加强苗床管理。

(3)异形苗可在移植时予以淘汰，或通过加强管理，使其恢复正常生长，作为预备苗使用。

六、急性凋萎

1. 症状

急性凋萎是哈密瓜嫁接栽培中容易发生的一种生理性凋萎，其症状初期中午地上部萎蔫，傍晚尚能恢复，经 3～4d 反复后枯死，根茎部略膨大，但无其他异状。该病与侵染性枯萎病的区别在于根茎维管束不发生褐变，发生时期在坐果前后，在连续阴雨弱光条件下容易发生。

2. 发生原因

哈密瓜急性凋萎的影响因素有如下几个。

(1)嫁接技术失误;砧木选择不当。一般地说，南瓜砧很少发生。

(2)从嫁接的方法来看，劈接较插接容易发病。

(3)砧木根系吸收能力随着果实的膨大而降低，而叶面蒸腾则随叶面积的扩大而增加，根系的吸水不能适应蒸腾而发生凋萎。

(4)过度整枝抑制了根系的生长，加深了吸水与蒸腾间的矛盾，导致凋萎加剧。

(5)光照弱。遮光试验表明，弱光会提高葫芦、南瓜砧急性凋萎病的发生。急性凋萎可能是以上生理障碍的最终表现，其直接原因尚不清楚，故还需进一步研究。

3.解决对策

目前，主要是采取农业防治，如选择适宜砧木，通过栽培管理增加根系，增强其吸收能力等。

七、空秧

1.症状

植株营养生长过于旺盛，徒长，表现为节间伸长，叶柄和叶片变长，叶质较薄。在坐果期表现茎粗、叶大，叶色深绿，生长点上翘，雌花子房较大，果柄较长，尽管采取人工辅助授粉，但很难坐果。一部分雌花经授粉后结了幼果，但4～5d黄萎脱落。这些没有结果的植株称“空秧”。

2.发生原因

(1)在大棚或多雨地区栽培，选用生长势旺的大果型丰产品种。

(2)基肥施用量特别是氮肥过多，伸蔓期追肥不当，肥水过多，易引起徒长。

(3)前期整枝不及时，未能根据植株长势适当整枝及压蔓以控制植株长势。

(4)棚温管理不善，高温或低温均影响结果；人工辅助授粉失误。

(5)种植密度过高，叶蔓重叠，田间通风透光差，茎蔓细弱，导致开花、坐果困难。

3.解决对策

(1)选择长势中等、易结果的哈密瓜品种。

(2)合理用肥。增加磷、钾肥，前期控制氮肥用量是防止空秧的重要一环。

(3)大棚栽培,应在不同生育期采用温度分段大温差管理技术,避免长期处于高温、高湿和弱光条件而引起徒长。

(4)开花盛期坚持人工辅助授粉。对于生长势强的田块或植株,可控制在低节位坐果,以利于调节营养生长和果实的生长。这部分果如果形圆正,可以让它结成商品果;如果形不正,则在幼果期即摘除,保留较高节位果。

(5)合理密植,合理整枝、压蔓,在一定程度上可抑制营养生长,改善田间通风透光条件,促进坐果。

(6)对已造成疯苗长成空秧的,可采取去强留弱的方法,使用整枝、摘心和断根等措施,控制营养生长,缓和长势,再行授粉,以促进坐果。

八、花打顶

1.症状

植株生长点节间短缩,茎端密生瓜纽,上部叶片密集,不见生长点伸出而封顶。

2.发生原因

苗龄太长,蹲苗过狠,形成小老苗;土壤干旱,水肥供应不足,生长停滞;定植后长时间处于较低温状态,根吸收能力差;施肥或根部用药过多等原因伤根严重;白天温度正常,夜间温度过低,白天形成光合产物夜间不能很好地运到生长点;使用乙烯利、矮丰灵、增瓜灵等激素浓度过大。栽培季节不适合。

3.解决对策

育苗苗龄不易过长,30～35d 为宜。定植前施足底肥,每 1 亩施腐熟优质有机肥 1 500～2 000kg,氮、磷、钾复合肥 30kg 左右。氮、磷、钾比例 2∶1∶2 为宜。定植时浇足水,如果温度过低,可用少许水稳苗,待温度提高后再浇水。缓苗后控水不要过狠,防止土壤过于干旱。创造适宜温度条件,白天保持 28～30℃,夜间最低温 12～16℃。

九、化瓜

1. 症状

雌花开放后子房不能迅速膨大，2d 后开始萎缩、变黄，最后干枯或烂掉。

2. 发生原因

温、湿度不稳定，温度忽高忽低或湿度过大都能影响花粉发育和花粉管伸长；连续阴天低温，植株难以进行光合作用；土壤水肥条件不好，植株生长过弱；低温阴雨等造成授粉不利；栽培密度过大，叶片光合效率差；氮肥施用过多，水分供应过足等造成植株徒长，营养生长过旺。

3. 防治方法

根据品种特点、气候条件、土壤肥力等因素合理密植，科学整枝摘心；科学肥水管理；连阴天注意补光和保持棚膜清洁，低温天气加强保温和适当补温；人工辅助授粉，没有昆虫的大棚要进行人工授粉，每天上午 8 时至 10 时进行，做好标记，登记授粉时间，利于采收；可使用防落素、坐果灵等激素点花保瓜，但要掌握好浓度，以免产生裂瓜或畸形瓜。

十、僵瓜

1. 症状

厚皮甜瓜长到鸡蛋大小时，不膨大或膨大很慢，外皮坚硬，最终失去商品价值。

2. 发生原因

坐瓜节位过低，坠秧过重，叶片供应养分能力不足；坐瓜后浇膨瓜水不及时，或肥力不足，不能满足果实正常发育需要；密度过大或整枝不及时，植株生长细弱，营养分配失去平衡；坐瓜后长期处于低温状态，营养运输受阻，外皮硬化。

3. 解决对策

根据品种特点科学选择坐瓜节位，适宜坐瓜节位一般在12～15片叶。科学肥水管理，坐瓜后及时浇膨瓜水，每亩每次随水冲施帮龙鱼蛋白有机肥40kg，或随水滴灌浓度为1%的复合肥水溶液1 500kg，分2次完成。

十一、畸形果

1. 症状

在哈密瓜果实的发育过程中，由于生理原因往往会产生一些不正常的果实，影响果实的外观形状和品质。这种畸形果有扁形果、尖嘴果、葫芦形果、偏头畸形果、棱角果等。

2. 发生原因

扁形果是低节位雌花所结的果，果实膨大期气温较低，果实扁圆，有肩，果皮增厚。一般圆形品种发生较多，塑料大棚栽培，因低温干燥、多肥、缺钙等原因易产生扁形果；尖嘴果多发生在长果形品种上，果实先端渐尖，主要原因是果实发育期的营养和水分条件不足，果实不能充分膨大；葫芦果表现为先端较大，而果柄部位较小，长果形品种在肥水不足、坐果节位较远时，往往易发生葫芦果；偏头畸形果表现为果实发育不平衡，一侧生长正常，而另一侧发育停顿，这是由于授粉不均匀而引起的，授粉充分的一侧发育正常，切开后种子着生正常，而发育停顿的一侧表现种胚不发育，细胞膨大受阻。哈密瓜在花芽分化过程中，受低温影响形成的畸形花，在正常的气候条件下所结的果实亦表现为畸形。

3. 解决对策

减少畸形果是提高果实商品性的重要一环。除针对以上形成因素进行防范外，重要的是深耕土壤，增施有机肥，促进根系发达，注意保温，促进果实顺利膨大，并根据栽培目的控制坐果部位；人工授粉时，撒在柱头上的花粉要均匀；在坐果期选留子房圆正的幼果，摘除畸形幼果。

十二、裂果

1. 症状

哈密瓜接近成熟时,在瓜蒂附近发生放射状裂痕,瓜肩部出现同心圆状的龟裂。

2. 发生原因

(1)瓜肩部受阳光直射而老化,加之室内温度过高,致使果肉迅速膨大所致。

(2)膨瓜期浇水过迟或果实已停止膨大时浇水。果皮已形成较厚木质化细胞壁,浇水后细胞改变原来代谢而出现裂瓜。

(3)土壤中缺少钙和硼引起果皮老化。

3. 解决对策

①定植时做南北向畦,选留畦内侧的雌花作为授粉花。②保持适宜温湿度。室温超过35℃要放风,低于25℃要闭风,夜间温度不低于15℃,空气相对湿度保持在50%~60%。③瓜坐稳后及时浇水,并用3%的氯化钙或0.12%~0.25%的硼酸水溶液叶面喷施1~3次。

第四节　草害的防治

农田杂草的种类繁多,据统计,全国常见杂草有120多种。哈密瓜地常见的主要杂草有马齿苋、野苋菜、灰菜、马唐、画眉草、狗尾草、旱稗、三棱草、蒺藜、牛筋草、苍耳、田旋花、刺儿菜、苦菜、车前子等。杂草一般都具有繁殖快,传播广,寿命长,根系庞大,适应性强,竞争肥水能力强等特点。杂草同哈密瓜争夺阳光、水分、肥料和空间,使哈密瓜的生活条件恶化,得不到正常的营养,生长受到抑制,致使产量降低。而且有些杂草是传播病虫害的媒介,许多杂草都是病原菌、病毒和害虫的中间寄主。所以杂草的丛生有助于病虫的蔓延和传播,对哈密瓜生产造成很大的危害。

施用化学除草剂可以防除杂草,减少除草用工,节约肥水,提高哈密瓜产量。

哈密瓜瓜地施用除草剂常用的方法是土壤处理。所谓土壤处理，就是把药剂施入土壤，使在土壤表层形成药层，由杂草根系吸收而起杀草作用，或直接触杀杂草根芽。土壤处理的方法，可地面喷雾，也可配成毒土或颗粒剂撒施到土壤表面。

哈密瓜对不同除草剂及应用的剂量有不同的反应，如施用不当，常常发生药害。经试验，适用于哈密瓜地膜覆盖栽培的除草剂有都尔、氟乐灵、敌草胺、稳杀特等。

一、常用除草剂

（一）都尔

1. 理化性质

都尔通用名异丙甲草胺，是芽前选择性除草剂。其原药为棕色油状液体，溶于甲醇、二氯甲烷、乙烷等有机溶剂，常温贮存稳定期 2 年以上。对人、畜低毒，对 1 年生禾本科和阔叶杂草有较好的防除效果。

2. 使用特点

都尔主要通过植物的幼芽即单子叶植物的胚芽鞘、双子叶植物的下胚轴吸收向上传导，种子和根也吸收传导，但吸收量较少，传导速度慢。出苗后主要靠根吸收向上传导，抑制幼芽与根的生长。敏感杂草在发芽后出土前或刚刚出土即中毒死亡。因此，施药应在杂草发芽前进行。

都尔对稗草、狗尾草、牛筋草、早熟禾、野黍、画眉草、黑麦草、鸭跖草、芥菜、酸模叶蓼、扁蓄、看麦娘、马齿苋、繁缕、藜、辣子草等有较好的防除效果。对难治杂草菟丝子也有效。

3. 使用方法

可用背负式喷雾器施药，地块一定要整平耙细，地表无植物残株和大土块，畦面要湿润，要选早晚风小或无风天气作业。92％都尔每亩施药 30～50mL，对水 50L 喷雾。

大棚哈密瓜瓜地使用都尔时应在覆膜前施药，防止药害。

覆盖地膜比不覆盖地膜可减少 20%用药量。

都尔有效期 30～50d，基本上可以控制全生育期杂草为害。

（二）草甘膦

1. 理化性质

外观为浅棕色液体，密度约 1.3kg/L，不可燃，pH 值为 6～8，常温贮存期 2 年以上。草甘膦属低毒除草剂，对鱼和其他水生生物低毒，对蜜蜂和鸟类无毒。

2. 使用特点

草甘膦属广谱、灭生性内吸传导型除草剂，其最大的特点是传导性强，它不仅能通过茎叶传到植物地下部分，而且在同一植株的不同分蘖间也能进行传导，对多年生深根杂草的地下组织破坏力很强，能达到一般农业机械无法达到的深度。草甘膦的杀草谱广，对 40 多种植物有防治作用，包括单子叶和双子叶、1 年生和多年生、草本和木本等植物。多用于开辟新瓜地前除草或杀死带毒病株。

3. 使用方法

一般可用 10%水剂对水 200～300 倍液喷雾，如加少量柴油，药液在叶面附着更好，杀草效力更强。施药后 4h 内遇大雨会降低药效，应酌情补施。施药 3d 内勿割草、翻地。施药时应防止药雾飘移到附近作物上，以免产生药害。

（三）施田补

施田补又名除草通，是美国氰胺公司在 1971 年开发成功的广谱性旱田作物除草剂，是一种选择性内吸局部传导型土壤处理剂。药剂通过植物的幼芽、幼茎和根系吸收，抑制幼芽和次生根分生组织的细胞分裂，从而阻碍杂草幼苗生长而死亡。

施田补不仅对许多单子叶杂草和 1 年生莎草如稗草、马唐、牛筋草、千金子、狗尾草、碎米莎草等效果好，而且对阔叶杂草如藜、马齿苋、牛繁缕、苍耳、婆婆纳、猪殃殃等同样有效，是当前除草剂中杀草谱最广的除草剂之一。施田补作为芽前旱田除草剂，对大多数作物具有很高的安全性，主要原因是土壤对其吸附性强，不易淋溶，在土壤中移动性小。哈密瓜田施用施田补，可在整地后移栽前1～3d施用，每亩用33%乳油100～150mL，对水40～50L，均匀喷雾土壤表面。持效期长达45～60d。施药后可解决整个生育期的杂草为害。施田补也可以和多种除草剂混用，以提高杀草效果。

（四）敌草胺

敌草胺又名草萘胺、大惠利，对人畜低毒。微溶于水，易溶于有机溶剂，为选择性芽前除草剂，杂草根部吸收并迅速传导到茎叶部，使杂草死亡。对萌动而未出土的杂草有效，对已出土的杂草无效。在常用剂量下持效期可达2个月左右。对1年生禾本科杂草和阔叶杂草有效。使用方法：每亩哈密瓜地可用进口50%敌草胺73～100mL，对水500倍液或用国产20%敌草胺150mL，对水250～300倍液，均匀喷雾于土壤表面，而后覆盖地膜待栽。

注意事项：

(1)施药前把土地平整好，并要求泥块整细。

(2)施药时如土壤干旱，应在施药后3d内灌水或喷灌。以保证除草效果。

(3)敌草胺持效期可达65～90d，在哈密瓜采收后，不宜种水稻、玉米、大麦、高粱等作物，以免产生药害。

（五）氟乐灵

氟乐灵又称茄科宁，对人畜低毒，见光易分解。是一种选择性较强的除草剂，对一年生禾本科杂草，如马唐、牛筋草、狗尾草、旱稗、千金子、画眉草等有特效，在喷药后70～80d仍有90%左右的防除效果。另外，对马齿苋、婆婆纳、山藜、野苋菜等及小粒种子的阔叶草也有较好的防除效果。对宿根性的多年生杂草防除效果很差或无效。

氟乐灵在哈密瓜地施用,主要用于播种前或定植前进行土壤处理。在地面整平后,每亩用 48%氟乐灵 75～125mL,对水 50L 均匀喷雾,并随即耙地,使药剂均匀地混入 5cm 深的土层中,然后播种或定植。一般黏土或黏壤土每亩用 48%乳油 100～125mL,沙土或沙壤土每亩用 75～100mL。地膜覆盖哈密瓜地使用氟乐灵进行土壤处理,药效更好,方法是喷后立即耙土混药,2d 后再播种和覆盖地膜。

使用氟乐灵防除杂草应注意以下几个问题。

(1)用药量应根据土壤质地确定,每亩用量不能超过 48%乳油 150mL,否则会对哈密瓜产生药害。

(2)氟乐灵见光易分解挥发失效,因此必须随施药随耙土混药,耙土要均匀,一般应使氟乐灵药剂混在 5cm 的土层内。施药到耙土的时间不能超过 8h,否则就会影响除草效果。

(3)当哈密瓜与小麦、玉米或其他禾本科作物间作套种时,不能使用氟乐灵,否则间套作物易发生药害。

(六)稳杀得

稳杀得有两种剂型:一种是 35%乳油;另一种是 15%精稳杀特乳油。稳杀得是选择性除草剂,它只杀死单子叶杂草,对哈密瓜安全,故可在哈密瓜生长期间使用。其使用的方法是:在禾本科杂草 2～5 叶期,每亩用 15%精稳杀得乳油 75mL,对水 25～30L 喷洒。施药后 1 周,杂草枯黄。

二、施用除草剂要注意的几个问题

(一)掌握最佳用药时间

育苗移栽,瓜苗缓苗期抗药性差,易发生药害,应掌握在定植前用药。地膜覆盖瓜地，应在地膜覆盖前用药，安全且效果好。

（二）控制最佳用药量

喷洒除草剂必须严格掌握用药量，应用水稀释一定浓度并喷洒均匀，药量过大，会引起药害；药量不足，杀草效果不好。喷洒除草剂时，土壤湿度大或药剂浓度高，杀草效果就越明显。

（三）选用最佳的喷药方法

不同种类的除草剂使用方法不同，应根据使用除草剂的种类，选用最佳使用方法。哈密瓜一般在播种和定植前，进行地表喷雾处理土壤。

（四）抢在最佳天气喷药

以晴朗天气施药最佳。一般在用药后 1 个月内不要进行土壤作业，避免打乱土层，充分发挥药剂灭草效果。

第九章　土壤营养障碍与异常环境的影响

第一节　土壤营养障碍

一、营养失调

（一）氮素失调

1. 症状

哈密瓜植株缺氮时，表现出植株瘦弱，生长速度缓慢，分枝减少，蔓茎短小，叶片小而薄，叶色淡或变黄，由基部老叶向上发展，后期明显早衰。

氮素过剩时，哈密瓜植株的营养生长与生殖生长失调，表现为蔓叶生长过旺，叶面积系数过大，蔓先端向上翘，坐果困难，空株率增加，即使能坐果，也是瓜小，迟熟，含糖量少，产量低，品质差。在化学氮肥施得过多时，还会引起土壤酸化与板结。

2. 病因

缺氮是由于氮素在土壤中流失与挥发或因根系吸收氮素发生障碍造成；氮素过多，则是由于土壤肥沃或偏施、重施氮肥及根系吸肥力旺盛所致。用南瓜做砧木的哈密瓜植株，由于南瓜根吸肥力强，在重施或偏施氮肥的情况下极易出现氮素过剩症。

3. 防治方法

注意基肥和追肥中氮磷钾的比例，避免植株缺氮。对已发生缺氮的瓜田，要立即追施速效性氮肥。前期控制氮肥使用，合理追肥，重施膨大肥。对已出现氮素过剩症的瓜田可适当整枝、打顶，并追施钾肥。

（二）缺磷

1. 症状

缺磷时，苗期叶色浓绿，硬化，植株矮小；成株期叶片小，稍微上挺；严重时，下位叶发生不规则的褪绿斑。

2. 病因

哈密瓜缺磷是由于土壤中缺少磷素，或植株吸收磷素受抑制所致。在酸性土壤条件下，磷易被土壤中的铁、铝离子固定；在微碱性土壤中，易被钙离子固定，有效浓度降低，导致缺磷。低温条件也会影响根系对有效磷的吸收。哈密瓜吸磷高峰是瓜膨大后期，此时缺磷则品质下降。

3. 防治方法

定植前施足有机肥料，培肥土壤，增加土壤微生物活动，提高土壤有效磷的含量。对酸性土，可施石灰；对碱性土，可施硫磺，使土质趋向中性，以减少磷的固定量，提高磷肥施用效果；早春低温，采用地膜覆盖或大棚保护地栽培，提高土温，提高磷的吸收能力；合理施用磷肥，酸性土宜施用钙镁磷肥，中性或偏碱性土宜施用过磷酸钙，介于酸性到中性土壤，宜用高浓度的磷酸二铵，效果较好；施用磷肥宜早不宜迟，最好做苗床或移栽时施用，一般每亩施过磷酸钙 10～15kg。

哈密瓜苗期特需磷肥，故培养土应施五氧化二磷 1.5g/L。

（三）缺钾

1. 症状

在哈密瓜生长早期，叶缘出现轻微的黄化，在次序上先是叶缘，然后是叶脉间黄化，顺序很明显。在生育的中、后期，中位叶附近出现和上述相同的症状，叶缘枯死，随着叶片不断生长，叶向外侧卷曲，品种间的症状差异显著。

注意：叶片发生症状的位置，如果是下位叶和中位叶出现症状可能缺钾；生育初期，当温度低，覆盖栽培（双层覆盖）时，气体为害有类似的症状；同样的症状，如果出现在上位叶，则可能是缺钙；生长初期缺钾症比较少见，只有在极端缺钾时才出现；仔细观察初发症状，叶缘变黄时多为缺钾，叶缘仍残留绿色时则很可能是缺镁。

2.病因

在沙土等含钾量低的土壤中易缺钾；施用堆肥等有机质肥料和钾肥少，供应量满足不了吸收量时易出现缺钾症；地温低，日照不足，过湿等条件阻碍了对钾的吸收；施氮肥过多，产生对钾吸收的拮抗作用。

3.防治方法

增施腐熟有机肥，改善土壤结构；发现缺钾症状，及时施用钾肥，一般每亩施硫酸钾10～20kg，多雨地区和沙性土壤，施用钾肥应分次施用，以减少钾肥的流失；在果实膨大期，可用0.3%～0.5%的硫酸钾或硝酸钾溶液喷洒叶面，以补充钾素营养。但钾的施用量，1次也不能太多，过多不仅增加流失，而且会抑制钙、镁、硼的吸收。

（四）缺钙

1.症状

上位叶形变小，向内侧或外侧卷曲，且叶脉间黄化，叶小株矮。若长时间低温、日照不足或急晴高温则生长点附近叶缘卷曲枯死。

2.病因

土壤氮、钾多或干燥均影响对钙的吸收；空气湿度小，蒸发快，或土壤酸性均产生缺钙症；根分布浅，生育中、后期地温高亦易发生缺钙症。

3.防治方法

钙不足时，可施石灰肥料，且要深施于根层内，以利吸收；避免一次大量施入氮、钾肥；确保水分充足；应急时用0.3%氯化钙水溶液喷洒。

（五）缺镁

1.症状

哈密瓜缺镁时会妨碍叶绿素的形成，出现黄化症。叶片主脉附近及叶脉间出现黄化，随后逐渐扩大，叶脉间的叶肉均褪色而呈淡黄色，但叶脉仍呈绿色。黄化多从基部叶片开始，向上部叶片发展。症状严重时，全株呈黄绿色。缺镁症易与缺钾、缺铁症状混同，应注意区别。缺钾的特征是叶片黄化枯焦，而缺镁的特征主要是叶片比较完好，枯焦很少。缺镁的特征与缺铁症状相似，但缺铁症多发生在上部新叶，而缺镁症则发生在中下部叶片。

2.病因

镁是可移动元素，容易被雨水淋溶，因此，多雨季节容易缺镁，特别在多雨地区的沙性土壤更易发生缺镁症。过量施用钾盐、铵态氮后，钾、铵离子将破坏养分平衡，抑制哈密瓜对镁的吸收。

3.防治方法

对土壤含镁量不足而引起的缺镁症，应增施镁肥，一般每亩施硫酸镁 2～4kg。酸性土最好施镁石灰（用白云石烧制的石灰）50～100kg；对由根部吸收障碍引起的缺镁症，一般用 2%～3%硫酸镁溶液喷洒叶面，隔 5～7d 喷 1 次，连续喷 3～5 次；控制氮、钾肥的使用，在保护设施条件下，氮、钾肥最好分次使用，以减轻对镁吸收的影响。

（六）缺硼

1.症状

缺硼的植株苗期根系不发达，容易死苗。前期生长受到抑制，叶片呈现紫红色斑点，叶色暗绿，叶片增厚而皱缩。节间较短，严重时顶端枯萎，近蔓端质脆、易断，结果节位推迟，花小而少或花而不实。果实发育不良，易畸形。

一般认为，叶片含硼量 8～10mg/kg 为缺硼的临界浓度。

2. 病因

轻质沙土或高度分化的红黄壤因淋溶而缺硼；干旱的气候条件，干燥的土壤对硼的固定作用增强，降低了土壤中硼的有效性，因而使哈密瓜发生缺硼症。

3. 防治方法

增施腐熟有机肥，改进土壤结构，每亩结合施硼沙 1kg；控制氮肥使用，以增加对硼的吸收；长期干旱，土壤过于干燥时，应及时灌溉；植株表现出缺硼症状时，用 0.5%硼酸水溶液喷洒叶面，每隔 5～7d 喷 1 次，连喷 2～4 次后，植株基本上可恢复正常。

（七）缺锰

1. 症状

脉间出现小斑点坏死，叶脉出现深绿色条纹呈肋骨状。

2. 病因

土壤中锰的有效性随着 pH 值的升高而降低，因此碱性土壤容易发生缺锰；质地沙性的酸性土壤因水溶性锰的强烈淋失和氧化还原作用使土壤中有效锰含量严重不足，也容易发生缺锰；水旱轮作促进锰的还原淋溶和管理措施不当，如过量施用碱性肥料都会导致缺锰症的发生。

3. 防治方法

增施有机肥料；增施锰肥。

锰肥作基肥的效果大于追肥。在用硫酸锰作基肥时，通常用量为 1～2kg/亩。也可用 0.1～0.2kg/亩的用量，配成 0.1%～0.2%的浓度进行根外追肥，每隔 7～10d 喷 1 次，连喷 2 次。

（八）缺铜

1. 症状

哈密瓜缺铜时，叶片畸形，并出现新生叶失绿，叶尖发白卷曲呈纸捻状，叶片出现坏死斑点，进而枯萎死亡。

2. 病因

土壤有机质含量特别高的泥炭土及高 pH 值的土壤，由于铜的有效性很低，容易缺铜；耕作层浅、质地粗，浸蚀或淋溶强的酸性土壤，也易发生缺铜症状；施用氮肥过多，群体生长过于茂密，易发生缺铜现象。

3. 防治方法

增施硫酸铜或波尔多液，以补充铜的不足。

（九）缺锌

1. 症状

缺锌植株矮小，节间短簇，叶片扩展和伸长受到阻滞，出现小叶，叶缘常呈扭曲和皱褶状。中脉附近首先出现脉间失绿，并可能发展成褐斑、组织坏死。一般症状最先表现在新生组织上，如新叶失绿呈灰绿或黄白色，生长发育推迟，果实小，根系生长差。

2. 病因

一是土壤内有效锌含量少，一般石灰性和中性土壤中低于 0.5mg/kg，酸性土壤中低于 1.5mg/kg 时，易缺锌；二是土壤呈碱性，含磷量高，大量施氮肥使土壤变碱，易缺锌；三是有机物和土壤水分过少，易缺锌。

3. 防治方法

增施腐熟有机肥，改良土壤；增施锌肥。

锌肥用作基肥时，旱地每亩可用硫酸锌 1～2kg，掺干土撒于地表，再耕翻入土。锌肥用作苗期时，每亩用硫酸锌 1～2kg 追施或用 0.1%硫酸锌溶液在苗期喷施，每次每亩喷液 50～75kg，喷施浓度不能高，如浓度超过 0.3%时就会产生肥害。

（十）缺硫

1. 症状

哈密瓜缺硫，全株体色褪淡，呈淡绿或黄绿色，叶脉和叶肉失绿，叶色浅，幼叶较老叶明显；植株矮小，叶细小，向上卷曲，变硬、易碎，提早脱落。茎生长受阻，开花迟，结果少。

2. 病因

土壤有机质贫乏，淋溶强，供硫不足或长期不用、少用有机肥料都会引起缺硫。

3. 防治方法

增施腐熟有机肥料；合理选用硫化肥，如硫酸铵、硫酸钾等；适当施用硫磺、石膏等硫肥。

（十一）缺铁

1. 症状

缺铁时症状首先出现在顶部幼叶。新叶缺绿黄白化，心（幼）叶白化，叶脉颜色深于叶肉，色界清晰，形成网纹花叶。

2. 病因

哈密瓜缺铁大多发生在碱性土壤上，尤其是石灰性土壤。此外，大量施用磷肥所产生的磷酸铁盐会使土壤有效铁减少，诱发缺铁。

3. 防治方法

缺铁症一旦发生很难防治，因此应以预防为主，主要措施有：

增施腐熟有机肥料，提高铁的有效性并改善土壤结构，增强根系对铁的吸收和利用能力；控制磷肥、锌肥、铜肥、锰肥及石灰质肥料的用量，以避免这些营养元素过量对铁吸收产生拮抗作用；施用铁肥，现多采用无机铁肥如硫酸亚铁叶面喷施的方法，浓度为0.2%～0.5%，叶面喷施时，若能配加适量尿素，可提高防治效果。

（十二）缺钼

1. 症状

哈密瓜缺钼时，叶片脉间出现黄绿色斑点，叶缘萎缩干枯，叶片变厚褪绿，叶片上出现大量细小的灰褐色斑点，叶缘上卷成杯形。

2. 病因

土壤中钼的有效性随土壤 pH 值的下降而降低，酸性土壤因土壤对钼的吸收固定，并形成铁、铝等的钼酸盐而沉淀，导致缺钼；土壤中铵离子、硫酸根离子及锰、铜、锌离子浓度过高会对哈密瓜吸收钼产生颉颃作用，诱发缺钼；质地较轻的盐碱土在洗盐过程中会导致土壤中有效钼的流失而缺钼。

3. 防治方法

具体措施有：在酸性土壤上施用石灰提高土壤中钼的有效性，石灰的用量应控制在 10～100kg/亩；增施腐熟有机肥料，增施磷钾肥；施用钙镁磷肥、草木灰等碱性肥料；施用钼肥，钼肥可拌种、浸种和作根外追肥。其用量一般为 10～50g/亩，拌种用 2%钼酸铵溶液，用量为 15～30g/100kg 种子，浸种用 0.05%～0.10%钼酸铵溶液，叶面喷施用 0.05%～0.20%的钼酸铵溶液，一般在苗期和生殖生长初期，各喷 1～2 次即可。

二、连作危害及其防控

（一）连作危害

在塑料大棚内连作种植哈密瓜，会引起连作障碍，不仅严重影响哈密瓜的产量和品质，还会增加哈密瓜病害防治成本。连作造成障碍的原因是：①土壤理化性状劣变，土壤养分不均衡；②土壤微生物群落结构发生变化，某些寄生能力强的种群在根际土壤中占突出优势，一些病原细菌和真菌等种群数量激增，致使原有的根际微生态平衡被打破；③植物的化感作用。植物分泌的化感物质在土壤中大量聚积，对植物本身或微生物的生长发育产生影响；④植物寄生线虫的增多，线虫吸收植物体内营养而影响植物正常的生长发育，线虫代谢过程中的分泌物还会刺激寄主植物的细胞和组织，导致植株畸形等，从而使农产品减产和质量下降。

(二)连作障碍的调控

如何对连作障碍进行调控,方法是:

1. 轮作与间作

这是解决连作障碍的有效方法,但要消除连作障碍的影响。要求轮作年限比较长,在集约化设施栽培条件下,哈密瓜要进行两熟栽培,轮作难度较大。

2. 清园与消毒

植物残体及枯枝落叶中含有大量的病原菌,它们的存在会成为病害发生的侵染源,另外植株残体腐解后产生的自毒物质也是连作障碍产生的重要原因之一。因此,应尽量消除残根、落叶,集中烧毁或深埋。这条措施,容易实现。

3. 改土与施肥

连续种植同种或同属植物的情况下最好深翻改土,如不能改土,最好避开原来栽植穴的位置。无土栽培也是控制连作障碍的一项重要措施,可以充分满足作物对矿物质、水分、气体条件的需求,从而可以有效防止土壤连作病害及土壤盐渍等问题的出现,进而克服土壤连作障碍。但无土栽培鉴于成本等因素限制,生产实践中较少采用。养分失衡是连作障碍的重要原因之一,故合理施肥是缓解连作障碍的一项重要措施。根据土壤供肥能力,作物目标需肥量而计算出需要 N、P、K 甚至微肥的施用量,严格控制化肥的用量,尤其要减少氮素化肥的用量,杜绝偏施氮肥现象,注意微量元素肥料的使用。

4. 施用有机物

增施有机肥可增加土壤有机质的含量,改良土壤的物理状况,有利于微生物活动,并可以促进有益菌的繁殖。

5. 嫁接

嫁接可以增强植株抗病能力,有利于克服连作危害,并提高产量。哈密瓜嫁接换根后,对几种主要病害的抗性明显提高,尤其对枯萎病、疫病、白绢病的抗性与自根苗的相比，均有极显著差异。

6. 施用有益菌

在土壤中增施有益菌可增强哈密瓜植株抗病虫害及抗逆能力，提高作物产量。

7. 选育抗性品种

随着育种技术的发展，国内外相继育成了一批可供选用的抗病品种。应用抗性品种是防止连作障碍的有效措施。

8. 施用植物源农药

利用药用植物具有杀虫、杀菌、除草及生长调节等特性的功能部位，或提取其活性成分，加工而成的药剂称为植物源农药。由于植物源农药来源于自然，具有对人、畜安全，不污染环境，不易引起抗药性，在自然环境中易于降解等优点，具有广阔的开发潜力。

三、土壤酸化的危害及其防控

（一）土壤酸化的危害

土壤酸化是土壤退化的一种表现形式，是指土壤酸性增加，变为强酸性、极强酸性的一种自然现象。是土壤吸收性复合体接受了一定数量交换性氢离子或铝离子，使土壤中碱性（盐基）离子淋失的过程。酸化是土壤风化成土过程的重要方面，导致 pH 值降低，形成酸性土壤，影响土壤中生物的活性，改变土壤中养分的形态，降低养分的有效性，促使游离的锰、铝离子溶入土壤溶液中，对作物产生毒害作用。

在塑料大棚中长期过量使用氮肥，氮肥分解后形成酸根离子保留在土壤中会引起土壤酸化，从而严重影响哈密瓜的生长。受害植株主要表现为生育严重不良，生长量急剧下降，通常出苗时与一般无异，出苗后开始受影响，出叶速度缓慢，幼苗叶片尖端出现黄化，严重时发生死苗。酸害主要伤害根部，幼根伸长明显受阻，变短，变粗，弯曲增多，尖端变钝，状如蚯蚓。同时，根毛发生量显著减少，使根系有效吸收面积剧减，使水分、养料的吸收严重削弱，甚至丧失殆尽而导致生长不良。

酸害使根毛减少还可以从下列现象观察到：

(1)早晨露水未干时，叶尖不露珠。

(2)小雨后，拔根系观察，受害苗粘泥沙很少。

(二)土壤酸化的防控

1. 施用石灰

这是改良酸性土壤、防治酸害的根本措施，一般校正 pH 值到 6 即可。根据经验，若提高 pH 值 0.5～1 单位，每亩可用石灰 60～100kg。播前用量可减少。

2. 施用钙镁磷肥等

既可供磷，又能起到调节 pH 值的作用。

3. 施用草木灰、焦泥灰等

施用草木灰、焦泥灰等可缓和或消除酸害。

4. 选用化肥品种

尽量不要长期连续施用硫酸铵、氯化铵、及氯化钾等肥料，尿素也不可施用过量。

第二节　气候异常的影响

哈密瓜具有喜高温、喜光和要求气候干燥的生长习性，特别是哈密瓜的开花坐果阶段对温度、湿度的要求较严格。因此，在哈密瓜生长发育过程中，阴雨天多，降水量大，气温偏低的异常气候，将对哈密瓜的生长、结果和果实发育造成不利影响。

一、影响正常生长发育

哈密瓜生长发育需良好的气候条件。哈密瓜的生长适温一般为 16～35℃，当夜温降至 15℃以下时，细胞停止分化，伸长生长显著滞缓(根系生长量仅为适温条件下的 1/50),瓜蔓生长迟缓,叶片黄化,净光合作用出现负值。哈密瓜又是需光的作物,在低温、光照不足时,将会严重影响植株所需光合产物的生成与供给,造成器官发育不良。连续阴雨,会使哈密瓜植株枝蔓节间及叶柄伸长,叶片变薄变小,叶色暗淡,光合作用能力减弱,从而使植株用于雌花器发育的营养明显不足,雌花形成密度及雌花质量变差,授粉结实力降低,发育不良的黄瘪瓜胎增多。

二、影响哈密瓜坐果

哈密瓜开花坐果的适温为 25～35℃,同时需要充足光照。如降雨偏多,湿度过大,温度低于 15℃,即会出现花药开裂受阻,开花延迟,花粉变劣等授粉障碍,降低雌花的受精率;花期温度低于 20℃会造成花粉萌发不良或雄配子异常等,形成雌花虽已受粉但未能受精的情况。花期遇阴雨低温产生的这些生理异常,造成了哈密瓜雌花受精过程障碍,降低雌花的受精率,直接影响坐瓜。

花期降雨偏多,是哈密瓜产生雌花受精困难、坐瓜率极低现象的主要原因之一。

三、影响哈密瓜果实发育

哈密瓜开花坐果期的植株营养分配中心在瓜蔓顶端生长点部位,这一阶段如遇低温寡日照会使哈密瓜植株的光合产物产出率低而不敷分配,许多雌花虽然能受精坐瓜,但很快又会因营养不足而脱落。在哈密瓜的坐瓜和幼果生长期,每天需要 10～12h 的充足日照和 2 万～4.5 万 lx 以上的光照强度,这样,才能较好地满足哈密瓜对生殖生长和营养生长两方面的光合产物的需要。缺少光照,果实生长期营养严重不足,不但坐瓜率大大降低,即使已坐住的哈密瓜也会出现明显的果实发育不良和畸形现象。如:果实成熟时个头小,果形变扁,许多果实有皮厚空心等现象,品质较低。

防止气候异常影响的对策有：

1. 培育壮苗

要采取多种技术措施培育壮苗，并在苗期进行低温（13～15℃）炼苗，促使雌花花芽正常分化。

2. 合理施肥

伸蔓至开花坐瓜期应控制肥料用量，重施磷钾肥，少施氮肥，并适当喷施多元素微肥，使瓜蔓节间短而壮，不徒长，防止营养生长与生殖生长失调和疯秧现象，提高坐瓜率。

3. 人工授粉

花期遇雨时，必须进行人工授粉，特别是在雌花套袋的情况下，以保证正常授粉。同时配施坐瓜灵，提高坐果率。

4. 科学整枝留瓜

改进整枝技术，气候异常条件下，应加强整枝，控制徒长，并多留侧枝（2 枝以上）。雌花多，增大选择授粉坐瓜的余地。

5. 加强病虫防治

在气候异常条件下，哈密瓜的生长发育会受到很大影响，对病虫害的抵抗力将大大下降。因此，要立足以防为主，防患于未然。每当不良天气出现前后就要立即施用保护药剂，尤其要重视施用丰产素、增产灵之类的植物生长调节剂，以提高坐果率。

第十章　哈密瓜采收与运输

第一节　哈密瓜的采收

一、采收适期

哈密瓜采收期要求严格，过早过晚，都会直接影响其产量和质量。采收过早成熟度不够，含糖量低，苦涩不堪食用，采收过晚，果肉组织松软，糖分下降，口感风味降低。长途运输宜在九成熟时采收，就地销售成熟时采收。成熟的哈密瓜皮色鲜艳，散发浓香气味。

究竟什么时候采收才为适时？一般可通过以下几条标准来加以识别。

1.充分表现出该品种的特征特性

一般果实成熟时，果皮颜色都程度不同的发生变化。如由原来的绿色变灰绿色，灰绿色或黄色；由白色变为乳白色或黄色；由浅绿色变为白色等。同时，成熟的瓜表皮有光泽，花纹清晰，有的品种还能散发出香气。有棱沟的品种，成熟时棱沟明显。有网纹的品种，果面网纹突出硬化时即标志成熟。

2.瓜柄、瓜顶的变化

早熟品种大多数容易脱蒂，而晚熟品种不易脱蒂。果实成熟后，瓜柄附近的茸毛脱落，瓜顶脐部开始发软，果蒂周围形成离层，产生裂纹等。对脱蒂的品种而言，最适宜的采收期是裂纹出现但尚未脱蒂时。

3. 植株衰老

坐果节卷须干枯，坐果节叶片叶缘变褐干枯，叶片变黄。

4. 开花至成熟的时间

不同品种自开花到果实成熟所需时间差别很大，一般哈密瓜早熟品种需 35～40d，中熟品种需 40～50d；可在开花授粉时挂牌作标记，注明授粉日期，根据该品种的果实发育期来判断采收期；但是一般品种的果实发育期都有 5～7d 的变幅，如高温期栽培，可提前 5～7d 采收，低温期栽培或整枝不严、水肥条件高，特别是氮肥多，枝叶茂盛时则要推迟 5～7d 采收。

哈密瓜的成熟度可根据用途和产销运程来划分，一般可分为远运成熟度、食用成熟度、生理成熟度。

远运成熟度可根据运输工具和运程确定。如用普通货车运程 10d 以上者，可采收七成半熟至八成熟的瓜；运程 5～7d 者，可采收八成半熟至九成熟的瓜；运程 5d 以下者，可于九成熟至九成半熟时采收；当地销售者可于九成半熟至十成熟时采收。

食用成熟度要求果实完全成熟，充分表现出本品种应有的形状、皮色、瓤质和风味，含糖量和营养价值达到最高点，也就是所说的达到十成熟。

生理成熟度就是瓜的发育达到最后阶段，种子充分成熟，种胚干物质含量高，胎座组织解离，种子周围形成较大空隙。由于大量营养物质由瓜瓤流入种子，而使瓜瓤的含糖量和营养价值大大降低，所以只有采种的哈密瓜才在生理成熟时采收。

判断哈密瓜成熟度，有以下几种具体方法。

1. 目测法

根据哈密瓜或植株形态特征对比。首先看瓜皮颜色的变化，是否已显出其品种固有的皮色、网纹或条纹。有些品种成熟时，坐果节位的叶片边缘褪绿焦枯，有的果皮变得粗糙，有的还会出现棱纹、挑筋、花痕处不凹陷、瓜梗处略有收缩、坐瓜节卷须枯萎 1/2 以上等。此外，瓜面茸毛消失，发出较强光泽，以及瓜底部不见阳光处变成橘黄色等均可作为成熟度的参考。

2.标记法

标记法是以各品种的成熟需要一定积温及日数为根据，开花授粉后，进行单瓜标记的方法。利用标记法，可以按各品种成熟所需积温或日数，推算出哈密瓜的成熟期。这种方法便于生产单位有计划地安排采收。但由于不同年份气候有差异，瓜的生长期也不可能完全一致。比较可靠的方法是按积温计算，根据现有的品种观察，一般早熟品种要求积温为700℃左右，而晚熟品种则要求1 000℃以上。例如某一个品种要求积温为700℃，若在结瓜期的平均气温为27℃时，则需要26d即可成熟。平均气温较高时，成熟需要的天数减少，平均气温低时，天数就增加。

3.物理法

一是主要通过手摸、音感和比重鉴定哈密瓜成熟度。

手摸，是指用手去摸哈密瓜，凭感觉来判断哈密瓜是否成熟，有光滑感觉，表明已成熟；如有发涩感，则表明未成熟。

音感，是指用手拍打或指弹瓜面，来听其发出的声音，判断哈密瓜是否成熟，成熟的哈密瓜，由于营养物质的转化，细胞中胶层开始解离，细胞间隙增大，接近种子处胎座组织的空隙更大。用手拍击哈密瓜外部时，便会发出砰、砰、砰的低浊音。细胞空隙大小不同，发出的浊音程度也不同，可借此判定其成熟度。相反，若发出咚、咚、咚坚实音的，则多属生瓜。若声音发出闷哑或“嗡嗡”声时，多表示瓜已熟过头。但这种方法只限于同一品种间作相对比较，不同品种常因含水量、瓜皮厚度及皮“紧”、皮“软”等不同，其声音差别很大。

相对密度鉴定，是指根据哈密瓜的相对密度来判断哈密瓜是否成熟，哈密瓜成熟后，相对密度(旧称比重)通常下降。按相对密度测定有两种方法：一是以水作为对照，进行测定，在常温下水的比重是1，而一般成熟的哈密瓜的相对密度为0.9～0.95。将哈密瓜放入水中观察，若哈密瓜完全沉没，则表明是生瓜；浮出水面很大，说明瓜的相对密度小于0.9，哈密瓜过熟；若浮出水面不大，则表明是熟瓜。

在实际应用中,为了准确无误地判断哈密瓜是否成熟,应综合考虑各种因素,不能单凭一个因素来断言。采收成熟度还应根据市场情况来确定。如当地供应可采摘九成熟的瓜,于当日下午或次日供应市场。运销外地的可采收八成熟的瓜。当前市场上供应的哈密瓜有的品质欠佳,除品种本身特性及混杂退化等因素外,采摘生瓜则是一个重要的原因,有的是因为瓜农对哈密瓜成熟度缺乏鉴别经验,但更主要是人为因素。有些瓜农认为早期瓜价格高、生瓜份量重,早采收既可抢上好价钱,又对后期的生长和结果有利,却未考虑生瓜影响品质。

二、采收时间和方法

就近销售和短途运输的瓜,可在清晨采摘九成熟至十成熟的瓜;长途外销的瓜,宜在下午 4～5 时采摘八成熟至九成熟的瓜;冬藏用的哈密瓜,多采摘九成熟的瓜;晒干用的哈密瓜,只需七八成熟即可。采收同时还要考虑当时的气候条件,雨天不宜采收,因为下雨时采收的瓜易发生炭疽病,且不耐贮运。天热时,避免在中午前后的高温采瓜,以防果实内部呼吸作用较强,在贮运过程中果实易发生变质。

哈密瓜采收时要用小刀或剪刀切除,留瓜柄 2～3cm 长(果柄及坐果蔓连带剪成 T 形)。采摘时不要损伤瓜蔓,必须轻采轻放,并用纸或软棉布擦拭干净瓜面的水滴及污物。

第二节　哈密瓜的运输

一、运输过程影响哈密瓜品质的因素

1. 温度

目前,哈密瓜主要通过公路运输到其消费区。在运输过程中,

温度条件是影响哈密瓜腐烂变质的主要因素,温度条件不合适会导致果实组织生理失调而快速衰老。目前,国内几个主要哈密瓜产区大宗瓜果的运输依然停留在粗放贮运阶段,多数瓜果包括哈密瓜,采收后在没有任何制冷措施的条件下就进行常温运输。由于哈密瓜含水分和糖较高,运输过程中过高的温度会导致其易发生霉变和腐烂,品质迅速下降,货架期变短,烂损常达30%。对采后哈密瓜运输过程中的温度进行控制,可以降低运输过程中哈密瓜的呼吸强度,延缓果实体内各种生理生化反应速度,抑制微生物的生理代谢,更好的保持流通过程中哈密瓜的品质。

2.振动

在哈密瓜运输过程中,振动是在整个过程中都存在的外部反应,振动胁迫会使得果实外部和内部反复承受冲击、摩擦、挤压等外部作用,使果品经历弹性塑性变形过程。弹性变形过程并没有出现即时的机械损伤,而塑性变形过程则会直接导致果实细胞破裂,产生即时可见损伤。研究表明,运输过程中不同的振动强度对果实造成的损伤程度不同,振动越强,损伤程度越大,较大的机械损伤会加快运输结束后果实的软化速度。然而,在实际流通过程中,更大量而经常发生的是低于机械损伤值的轻微振动(例如运输过程)。通常对于哈密瓜表面的现时可见损伤容易引起经营者的重视,也容易采取措施防止,而振动胁迫引起的弹性变形过程导致果实组织的变化,由于其损伤是肉眼不可见的,所以,其导致的生理和代谢变化异常却被以前的研究所忽视。但是,这种生理与代谢的变化非常重要,直接决定着采后果实的宏观品质和耐贮性。经验表明,经历过这种振动的果实,即使没有受到可见机械损伤,也会发生明显的品质劣变,缩短采后寿命。

二、解决对策

1.运输前要对哈密瓜进行保鲜处理

在运输前,要对哈密瓜进行保鲜处理,以有利于哈密瓜更好的抵御逆境的侵害，保持品质。卞生珍等研究发现：利用虫胶中加入氯硝胺和抑菌剂复配成的膜剂保鲜剂，在常温运输过程中不但能保持哈密瓜的硬度，还能减少哈密瓜的水分损失，并有效控制腐烂。这一技术措施值得提倡。但从目前情况来看，运输前的哈密瓜保鲜处理并未引起重视，大多数都集中于哈密瓜运输到达目的地后的保鲜工艺的研究，包括最适贮藏温度，及利用酵母菌、harpin、水杨酸、外源乙烯、热处理等措施处理保鲜效果的研究。

2. 进行合适的包装

合适的包装要求达到两个目的，一是减少运输过程中果实的机械损伤；二是在果实间起到格挡作用，避免因移动碰撞而造成损伤。

哈密瓜的包装一般采用纸箱，每箱装瓜 2 只或 4 只。哈密瓜装箱时，每个瓜用一张包装纸包好，然后在箱底放一层木屑或纸屑，把包好纸的哈密瓜放入箱内。若哈密瓜不包纸而直接放入箱内时，每个瓜之间应用瓦楞纸隔开，并在瓜上再放少许纸屑或木屑衬好，防止磨损，盖上箱盖后，用黏胶带封好，以备装运。

3. 安全运输

哈密瓜在运输时要特别注意避免任何机械损伤。易地贮藏时，必须用上述包装方法，轻装、轻卸，及时运往贮藏地点，途中尽量避免剧烈震荡。近距离运输时可以直接装车，并且在车厢内先铺上一定厚度的软质铺填物（如麦草或纸屑），再分层装瓜，装车时大瓜装在下面，小瓜装在上面，减少压伤，每一层瓜之间再用软质铺填材料隔开，这样可装 6～8 层。

4. 控制好运输过程中的温度

运输过程中，需要对运输温度进行控制。提倡冷链运输。

所谓冷链是指在生产、贮藏、运输、销售直到最终消费前的各个环节中，将生鲜食品始终保持在规定的低温环境下，以保证食品质量，减少食品损耗的一种物流体系。它主要由预冷、冷（冻）贮藏、冷藏运输和配送、冷藏销售这几个方面构成。

潘俨等研究发现,3℃的通风预冷会使哈密瓜的乙烯释放量和呼吸强度同步下降,在预冷12h后,哈密瓜果实各部位的温度、呼吸强度和乙烯释放量下降幅度均超过70%。杨军等采用节能冷链运输哈密瓜,首先将哈密瓜放入冷库进行处理,利用冷风预冷使得哈密瓜果实温度降到4℃。预冷结束后,在平板汽车上铺一层塑料膜,塑料膜上面铺一层棉套,棉套上再铺一层塑料膜,将预冷好的哈密瓜迅速装入汽车,随后将塑料膜与棉套包严,形成简易冷链运输。与仅利用常温运输的哈密瓜相比,冷链运输的哈密瓜可溶性固形物含量的变化较小,果实硬度下降延缓。运输结束后,采用冷链运输的哈密瓜在货架期的商品率较常温运输的要高出30%,且货架期延长2d。因此,在哈密瓜采收后,利用冷链运输是一个更好保持哈密瓜品质的重要手段。

附　　录

附录1　无公害食品　哈密瓜生产技术规程

（NY/T 5180—2002）

1　范围

本标准规定了无公害食品哈密瓜生产技术管理措施。

本标准适用于露地和苗期小拱棚覆盖的无公害哈密瓜的生产。

2　规范性引用文件

下列文件中的条款通过本标准的引用而成为本标准的条款。凡是注日期的引用文件，其随后所有的修改单（不包括勘误的内容）或修订版均不适用于本标准，然而，鼓励根据本标准达成协议的各方研究是否可使用这些文件的最新版本。凡是不注日期的引用文件，其最新版本适用于本标准。

GB 4285　农药安全使用标准

GB 4862—1984　中国哈密瓜种子

GB/T 8321（所有部分）　农药合理使用准则

NY 5181　无公害食品　哈密瓜产地环境条件

3　术语和定义

下列术语和定义适用于本标准。

3.1 哈密瓜

脆肉型的厚皮甜瓜。

3.2 小拱棚

用2.4～2.5m长竹片为支架，两端插入瓜沟两侧，覆盖农用薄膜形成的拱圆形简易保护栽培设施。

4 产地环境

应符合NY 5181的规定。

5 生产管理措施

5.1 选地

选择产地应远离蔬菜产区，地下水位较低，土层深厚的地块。必须实行3年以上轮作制，不能与油菜、蔬菜、烟草作物接茬。

5.2 开沟

小拱棚栽培、黏壤土地块应在入冬前开好瓜沟。

瓜沟长以20～30m为宜，小拱棚覆盖的沟长18～25m。瓜沟上口宽为0.9～1.2m，底宽0.3m，沟深0.4～0.6m，蒸发量大需水多的地区瓜沟适当增大。

沟距：早、中熟品种3～4m，晚熟品种4～5m。

5.3 施基肥

5.3.1 施基肥方法

结合整地开沟，沿瓜沟中心线两侧0.6～0.7m处开深0.3m的施肥沟，将肥料均匀施入沟内，然后开瓜沟覆土。

5.3.2 基肥种类

根据土壤肥力做到合理施肥，基肥以腐熟的羊粪、鸡粪、油渣最好，有机肥不足时可增加适量氮磷复合肥。

5.3.3 不允许使用的肥料

在生产中不准使用城市垃圾、污泥、工业废渣和带有污染物的有机肥，也不准使用硝态氮肥。

不准使用未经国家有关部门批准登记和生产的商品肥料。

5.4 种子处理及播种

5.4.1 品种选择

选用抗病、优质、丰产、耐贮运、商品性好、适应市场要求的品种。小拱棚覆盖宜选用早、中熟品种，露地栽培宜选用中、晚熟品种。

5.4.2 种子质量

常规品种应符合 GB 4862—1984 中的二级良种以上要求。

杂交种应符合杂交率≥95%、净度≥99%、发芽率≥85%、水分≤8%的质量要求。

5.4.3 种子处理

播种前用水稀释 200 倍的福尔马林液浸种 2h，清水洗 2～3 遍后晾干待播。也可采用温水浸种。

5.4.4 播种

5.4.4.1 播种期

土壤 5cm 深处温度稳定在 15℃以上，采用小拱棚覆盖栽培可提早播种期 10d～15d。

5.4.4.2 密度

穴距早熟品种 0.35m～0.4m，中晚熟品种 0.4m～0.5m。

5.4.4.3 播种方法

播前先在瓜沟内灌足底水，沿水平线扒平播种带铺地膜。在距沟沿 10cm 处开穴点播，每穴 2～3 粒，播种深度 1cm～2cm，覆土 3cm～5cm。

5.5 苗期管理

5.5.1 拱棚覆盖

采用小拱棚覆盖的，从子叶期就要开始通风，瓜苗进入伸蔓期后或棚内白天最高温度达到 35℃时须拆棚。

5.5.2 查苗补种

出苗后 1d～3d 及时查苗，对连续缺苗 2 穴以上的，必须补苗。

补苗可采取育苗补栽，也可催芽补种，补种穴与播种穴错开。瓜地周围注意灭鼠。

5.5.3 间定苗

1～2片真叶时间苗，每穴留二株，3～4片真叶时定苗，每穴一株，间定苗后培土，视土壤墒情蹲苗20d～30d。

5.5.4 除草

采用人工除草为主，一般需2～3次，芦苇可用10%草甘灵对5～10倍水涂抹伤口。瓜地及周边地块禁用2,4-D类除草剂。

5.6 整枝压蔓

5.6.1 整枝

早熟品种及早熟栽培的采用单蔓整枝法，7～8节子蔓留瓜，中晚熟品种9～11节子蔓留瓜。也可用双蔓整枝法，子蔓5～6节的孙蔓留瓜。适当打掉部分子蔓和孙蔓，防止叶蔓过密，瓜坐稳后停止整枝，切忌整枝过度发生日灼。

5.6.2 压蔓

伸蔓后到果实充分膨大前，在瓜蔓上每隔0.3m～0.5m处压一较大土块防止风害，压蔓工作到瓜蔓封行为止。

5.7 肥水管理

5.7.1 追肥量及方法

在伸蔓后至开花前，每亩施氮磷复合肥10kg～15kg，钾肥5kg，不应使用纯氮素化肥。方法是在瓜沟两侧沟壁上距瓜苗15cm下方处，开沟或挖穴施入，随后覆土浇水。

5.7.2 灌溉

播前水要浇足浇透，以利出苗，开雌花、坐瓜至果实膨大期保证充足水分供应，成熟期控制少浇水，采收前7d～10d停水。

不能大水漫灌、串灌和淹根漫畦，尽可能用井水灌溉，以防病虫蔓延；生长后期浇半沟水为宜，高温期避免中午浇水或沟内积水。

5.8 坐瓜后的管理

5.8.1 选果定瓜

在幼瓜长到鸡蛋大小时，保留果形正常，无伤无病的幼瓜，去掉不符合要求的幼瓜。除特早熟、小果形品种外，每株留 1 个瓜。

5.8.2 翻瓜垫瓜

从定瓜个到成熟，要翻瓜 1～2 次，顺着一个方向，每次翻动角度不超过 90°，不能扭伤瓜柄。

为防止高温强日照发生日灼，可用瓜蔓或草将瓜盖住，用干草、玉米芯等将瓜垫起，可以减少裂口烂瓜和地下害虫钻蛀为害。

5.9 采收

当瓜生长发育已接近或达到本品种各项特征时，适时采摘，需长途运输的瓜可适当提早 3d～5d 采摘。采摘时要带 5cm 左右长瓜柄，轻采轻放，避免机械损伤。采摘后防止暴晒和雨淋，尽快包装外运。

6 病虫害防治

6.1 主要病虫害

田间主要病虫害有：细菌性角斑病、霜霉病、白粉病、叶枯病、蔓枯病、疫霉病、病毒病、蚜虫及地下害虫。

6.2 防治原则

预防为主，综合防治，优先采用农业防治、物理防治、生物防治，配合科学合理地使用化学防治。

6.3 农业防治

严格轮作倒茬，清洁田园。选用抗病品种，瓜田远离蔬菜地，消灭蚜虫传染源，合理灌溉。增施有机肥，配合施用复合肥，减少纯氮素化肥使用。

6.4 物理防治

黄板诱蚜、银灰膜驱避蚜虫，小拱棚覆盖减少病虫害。

6.5 生物防治

保护天敌,蚜虫少量发生时利用天敌控制。

优先选用生物农药。

6.6 主要病虫害药剂防治

使用药剂防治时,应执行 GB4285 和 GB/T 8321 的规定。并根据病虫害的发生规律,选择合适的农药种类、最佳防治时期、高效施药技术,进行防治。同时了解农药毒性,使用选择性农药,减少对人、畜、天敌的毒害以及对农产品和环境的污染。

6.7 不允许使用以下农药

六六六、滴滴涕、毒杀芬、二溴氯丙烷、杀虫脒、二溴乙烷、除草醚、艾氏剂、狄氏剂、汞制剂、砷、铅类、敌枯双、氟乙酰胺、甘氟、毒鼠强、氟乙酸钠、毒鼠硅、甲胺磷、甲基对硫磷、对硫磷、久效磷、磷胺、甲拌磷、甲基异柳磷、特丁硫磷、甲基硫环磷、治螟磷、内吸磷、克百威、涕灭威、灭线磷、硫环磷、蝇毒磷、地虫硫磷、氯唑磷、苯线磷。

附录2　无公害食品　哈密瓜产地环境条件

（NY 5181—2002）

1　范围

本标准规定了无公害哈密瓜的产地选择要求、环境空气质量要求、灌溉水质量要求、土壤环境质量要求、试验方法及采样方法。

本标准适用于无公害哈密瓜产地。

2　规范性引用文件

下列文件中的条款通过本标准的引用而成为本标准的条款。凡是注日期的引用文件，其随后所有的修改单（不包括勘误的内容）或修订版均不适用于本标准，然而，鼓励根据本标准达成协议的各方研究是否可使用这些文件的最新版本。凡是不注日期的引用文件，其最新版本适用于本标准。

GB/T 6920　水质　pH值的测定　玻璃电极法

GB/T 7467　水质　六价铬的测定　二苯碳酰二肼分光光度法

GB/T 7468　水质　总汞的测定　冷原子吸收分光光度法

GB/T 7475　水质　铜、锌、铅、镉的测定　原子吸收分光光度法

GB/T 7484　水质　氟化物的测定　离子选择电极法

GB/T 7485　水质　总砷的测定　二乙基二硫代氨基甲酸银分光光度法

GB/T 15262　环境空气　二氧化硫的测定　甲醛吸收—副玫瑰苯胺分光光度法

GB/T 15434　环境空气　氟化物的测定　滤膜·氟离子选择电极法

GB/T 16488　水质　石油类和动植物油的测定　红外光度法

GB/T 17134　土壤质量　总砷的测定　二乙基二硫代氨基甲酸银分光光度法

GB/T 17136　土壤质量　总汞的测定　冷原子吸收分光光度法

GB/T 17137　土壤质量　总铬的测定　火焰原子吸收分光光度法

GB/T 17141　土壤质量　铅、镉的测定　石墨炉原子吸收分光光度法

NY 395　农田土壤环境质量监测技术规范

NY 396　农用水源环境质量监测技术规范

NY 397　农区环境空气质量监测技术规范

3　要求

3.1 产地选择要求

无公害哈密瓜产地应选择在生态条件良好，远离污染源，富含有机质并具有可持续生产能力的农业生产区域。

3.2 产地环境空气质量

无公害哈密瓜产地环境空气质量应符合表1的规定。

表1　环境空气质量要求

项　　目	浓度限值	
	1h平均	日平均
二氧化硫（标准状态）（mg/m^3）　≤	0.15	0.50
氟化物（标准状态）（mg/m^3）　≤7	20	

注：日平均指任何一日的平均浓度；1h平均指任何一h的平均浓度。

3.3 产地灌溉水质量

无公害哈密瓜产地灌溉水质应符合表2的规定。

表 2　灌溉水质量要求

项　　目		浓度限值
pH 值		5.5～8.5
总汞(mg/L)	≤	0.001
总镉(mg/L)	≤	0.005
总砷(mg/L)	≤	0.05
总铅(mg/L)	≤	0.10
铬(六价)(mg/L)	≤	0.10
氟化物(以 F－计)(mg/L)	≤	3.0
石油类(mg/L)	≤	1.0

3.4 产地土壤环境质量

无公害哈密瓜产地土壤环境质量应符合表 3 的规定。

表 3　土壤环境质量要求

项　　目		浓度限值		
		pH 值＞7.5	pH 值＜6.5	pH 值 6.5～7.5
总镉(mg/kg)	≤	0.30	0.30	0.60
总汞(mg/kg)	≤	0.30	0.50	1.0
总砷(mg/kg)	≤	40	30	25
总铅(mg/kg)	≤	250	300	350
总铬(mg/kg)	≤	150	200	250

注：本表所列含量限值适用于阳离子交换量＞5cmol/kg 的土壤，若≤5cmol/kg，其含量限值为表内数值的半数。

4 试验方法

4.1 环境空气质量指标

4.1.1 二氧化硫的测定:按照 GB/T 15262 执行。

4.1.2 氟化物的测定:按照 GB/T 15434 执行。

4.2 灌溉水质量指标

4.2.1 pH 值的测定:按照 GB/T 6920 执行。

4.2.2 总汞的测定:按照 GB/T 7468 执行。

4.2.3 总砷的测定:按照 GB/T 7485 执行。

4.2.4 铅、镉的测定:按照 GB/T 7475 执行。

4.2.5 六价铬的测定:按照 GB/T 7467 执行。

4.2.6 氟化物的测定:按照 GB/T 7484 执行。

4.2.7 石油类的测定:按照 GB/T 16488 执行。

4.3 土壤环境质量指标

4.3.1 总铅、总镉的测定:按照 GB/T 17141 执行。

4.3.2 总汞的测定:按照 GB/T 17136 执行。

4.3.3 总砷的测定:按照 GB/T 17134 执行。

4.3.4 总铬的测定:按照 GB/T 17137 执行。

5 采样方法

5.1 环境空气质量监测的采样方法按照 NY 397 的规定执行。

5.2 灌溉水质量监测的采样方法按照 NY 396 的规定执行。

5.3 土壤环境质量监测的采样方法按照 NY 395 的规定执行。

参考文献

1. 那伟民，林淑敏. 甜瓜保护地栽培(第 2 版). 北京：金盾出版社，2012.

2. 杨鹏鸣. 甜瓜生产实用技术. 北京：金盾出版社，2013.

3. 那伟民等. 甜瓜高效栽培新模式. 北京：金盾出版社，2014.

4. 陈年来. 甜瓜标准化生产技术. 北京：金盾出版社，2008.

5. 任瑞星. 甜瓜产业配套栽培技术. 北京：中国农业出版社，2001.

6. 哈密地区地方志编委会. 哈密瓜志. 乌鲁木齐：新疆人民出版社，2011.

7. 戚自荣，胡嗣渊，裘建荣，等. 哈密瓜雪里红的需肥规律及肥料试验简报. 浙江农业科学，2009，3：477－479.

8. 伊鸿平，吴明珠，冯炯鑫，等. 中国新疆哈密瓜资源与品种改良研究进展. 园艺学报，2013，40(9)：1 779－1 786.

9. 刘佳贺，刘东宝，郭文场. 新疆哈密瓜品种介绍. 特种经济动植物，2010，8：49－50.

10. 狄秀华，姜明贵. 雪里红哈密瓜早春大棚栽培法(上). 种植天地，2013，2：28－29.

11. 孙玉萍，张瑞，杨英，等. 优质哈密瓜西州密 25 号设施高效栽培技术. 中国瓜菜，2013，26(6)：47－48.

12. 童爱萍. 秋季哈密瓜品种比较试验. 现代农业科技，2009，9，15－16.

13. 曹兵，李劲松，袁潜华，等. 热带经济型反季节甜瓜设施技术研究. 热带农业科学，2005(25)，4：13－15.

14. 崔庆子，唐锷，赵伟. 日光温室秋延晚哈密瓜嫁接栽培技术. 中国园艺文摘，2012，6：156－157.

15. 何泽敏，库尔班江·吾甫尔，热合买提·赛甫力，等. 鄯善县深冬茬温室哈密瓜育苗管理及生产技术. 新疆农业科技，2013，9，30－31.

16. 徐兰，张旭，金春英，等 . 不同砧木嫁接对哈密瓜生长、产量及品质的影响. 上海农业学报，2012，28(1)：73－77.

17. 田甲玺，樊静华，卢小露，等. 不同整枝方式对秋季哈密瓜产量和品质的影响研究. 上海农业科技，2013，4：25－28.

18. 金伟兴，刘荣杰. 不同品种砧木嫁接哈密瓜对其生长和品质的影响. 北京：农业科技通讯，2011，12：88－90.

19. 韩晓燕，陈才洪，江行国，等. 不同南瓜砧木嫁接对海南哈密瓜生长、产量及果实品质的影响. 长江蔬菜，2011(02)：24－26.

20. 户金鸽，廖新福，孙玉萍，等. 不同采收期哈密瓜采后生理的变化. 中国瓜菜，2013，26(4)：9－12.

21. 毕金峰，丁媛媛，白沙沙，王沛. 不同干燥方式对哈密瓜干燥产品品质的影响. 食品与发酵工业，2010，5：68－72.

22. 金伟兴，胡宇锋. 大棚哈密瓜不同种植密度和整枝留瓜方式试验. 北京农业科技通讯，2013，12：132－134.

23. 刘文香. 二氧化碳气肥施用原理和方法. 现代农村科技，2010，2：46.

24. 衣杰，李键，周公臣. 高温闷杀甜瓜白粉虱试验研究. 现代化农业，2004，5：10－11.

25. 董浩，陈国刚，王科峰，等. 哈密瓜果片的研制. 科学实验. 中小企业管理与科技(上旬刊)，2012，12：309－310.

26. 徐胜利，陈小青，赵书珍，等. 哈密瓜嫁接栽培的防病增产效果研究. 中农学通报，2004，20(1)：185－187.

27. 吴元信，杨卫涛，等. 哈密瓜枯萎病、疫霉病有效防治技术措施. 中国西瓜、甜瓜，2003，4：47－48.

28. 周然，刘冰宣，谢晶等. 哈密瓜运输过程品质影响因素及解决方案. 食品与机械，2013，5：176—178.

29. 胡中海，李杰，马亚琴，等. 哈密瓜贮藏保鲜技术的研究进展. 食品工业科技，2014，6：396—400.

30. 李贺勤，李星月，刘奇志，等. 连作障碍调控技术研究进展. 北方园艺，2013，23：193—194.

31. 许久夫. 八戒西瓜. 北京：中国农业科学技术出版社，2005.

32. 侯栋，闫秀玲，李浩，高艳霞等. 几种不同砧木在哈密瓜嫁接无土栽培中的表现. 中国西瓜甜瓜，2002，2：5—6.

南方哈密瓜品种

金脆仙

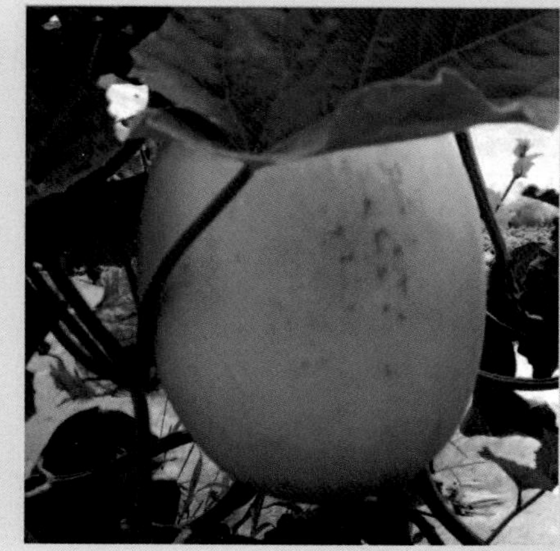
红　妃

东方蜜一号

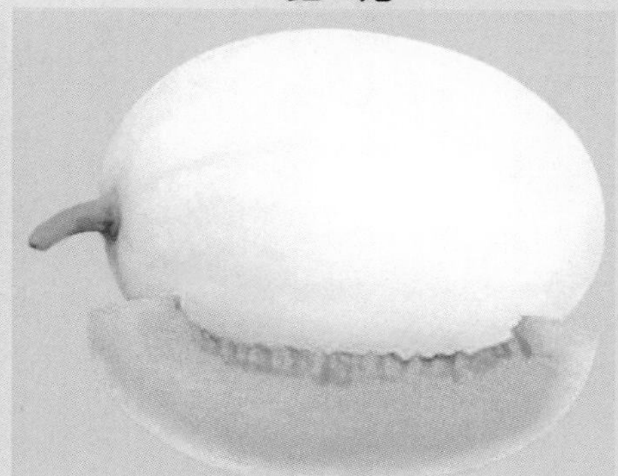
东之星

红酥手

甬甜 5 号

南方哈密瓜育苗与爬地栽培

育 苗

爬地栽培（全貌）

爬地栽培（近照）

爬地栽培与立架栽培

爬地挂瓜（全貌）

爬地挂瓜（近照）

立架栽培

南方哈密瓜部分病虫害

哈密瓜疫病

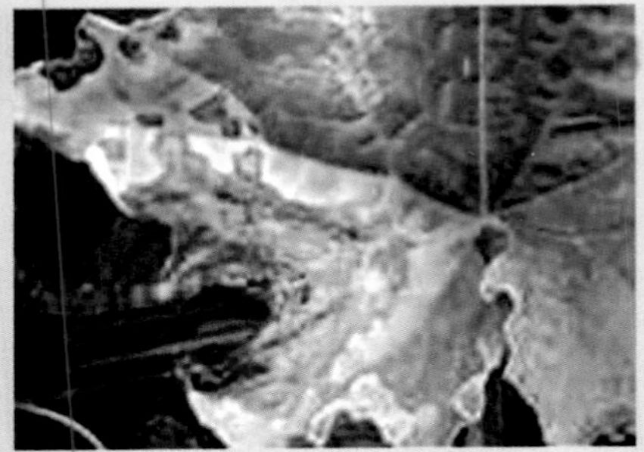

哈密瓜蔓枯病

哈密瓜霜霉病

哈密瓜白粉病

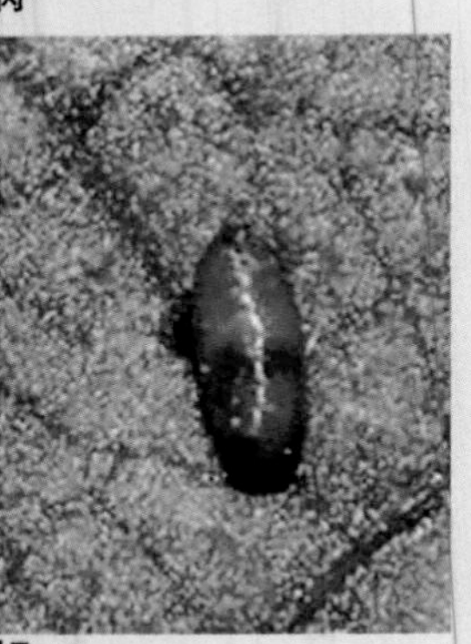
斑潜蝇

瓜　蚜

红蜘蛛

温室白粉虱